大化七百弄

恭城瑶族自治县栗木镇天然草地，以芒为主

龙胜各族自治县和平乡
新禄洋头坪草场

龙胜各族自治县三门镇
曾家塘草场

龙胜各族自治县三门镇翁古山草场

白背桐

白背桐

白茅

白花夹竹桃

白花夹竹桃

苍耳

苞子草

苞子草

秤星木

秤星木

蔓草虫豆

蔓草虫豆

臭根子草

臭根子草

臭牡丹

淡竹叶

颠茄

颠茄

多花木蓝

多花木蓝

肥牛树

肥牛树

耳草

沙皮树

沙皮树

沙皮树叶

沙皮树叶

海芋

红帽顶

红帽顶

红帽顶

海金沙

夹竹桃

夹竹桃

无花果

黄荆

金樱子

檵木

檵木

檵木

假俭草

假俭草

决明

李氏禾

链荚豆

狼尾草

狼尾草

了哥王

拟金茅

拟金茅

芒（左）和五节芒（右）

芒

芒萁

芒萁

马鞭草

毛桐

毛桐

毛桐

美丽胡枝子

美丽胡枝子

木薯

牛筋草

牛筋草

黄茅

黄茅

排钱草

排钱草

蟛蜞菊

山苍子

山芝麻

桃金娘

漆

空心莲子草

三椏苦

三椏苦

三椏苦

三椏苦

水葫芦

水葫芦

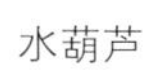

水蓼

水蓼

水蔗草

算盘子

铁扫把

藤构

铁扫把

仙人掌

仙人掌

甜根子草

甜根子草

无根藤

无根藤

五指牛奶

五指牛奶

龙芽草

龙芽草

鸭跖草

鸭跖草

鸭跖草

鸭跖草

红花羊蹄甲

红花羊蹄甲

白花羊蹄甲

红花羊蹄甲

野菊花

叶下珠

猪屎豆

竹节草

紫苏

新时代乡村振兴书系

广西草地饲用植物资源

RESOURCES OF FORAGE PLANTS OF GUANGXI

赖大伟　赖志强　主编

广西科学技术出版社

图书在版编目（CIP）数据

广西草地饲用植物资源 / 赖大伟，赖志强主编 . —
南宁：广西科学技术出版社，2024.1
ISBN 978-7-5551-1531-1

Ⅰ . ①广… Ⅱ . ①赖… ②赖… Ⅲ . ①饲料作物—植
物资源—广西 Ⅳ . ① S54

中国版本图书馆 CIP 数据核字（2022）第 228542 号

GUANGXI CAODI SIYONGZHIWU ZIYUAN
广西草地饲用植物资源
赖大伟　赖志强　主编

责任编辑：黎志海　吴桐林　　装帧设计：梁　良
责任校对：吴书丽　　责任印制：韦文印

出 版 人：梁　志　　出版发行：广西科学技术出版社
社　　址：广西南宁市东葛路 66 号　　邮政编码：530023
网　　址：http://www.gxkjs.com

经　　销：全国各地新华书店
印　　刷：广西广大印务有限责任公司
开　　本：889 mm × 1194 mm　1/16
字　　数：483 千字　　印　　张：21.25　　插　　页：16
版　　次：2024 年 1 月第 1 版　　印　　次：2024 年 1 月第 1 次印刷
书　　号：ISBN 978-7-5551-1531-1
定　　价：198.00 元

《广西草地饲用植物资源》

编写委员会

主　编：赖大伟　赖志强

编　委：赖大伟　赖志强　姚　娜　易显凤　史　静
梁永良　蔡小艳　韦锦益　邱　磊　丘金花
邓素媛　庞天德　黄一龙　覃启宗　伍美炎
李天宇　柳　春　卢丽燕　吴昱果　李天赐
陈冬冬　曹慧慧　曾繁泉　蒋玉秀　曹树威
黄俊翔　胡湘云

序

原广西壮族自治区畜牧研究所（已于2021年9月15日并入广西农业职业技术大学）副所长赖志强研究员等主编完成了《广西草地饲用植物资源》和《广西饲用植物志第Ⅱ卷》，邀我为这两部著作撰写一个共同的序言。调查、记载、保存和评价饲用植物资源，是我国草业科学领域重要的科技基础性工作，亟需开展和完善。我为赖所长的成果感到高兴，欣然接受了这一邀请。

我与赖所长多年前便已相识，但真正在一起工作，还是自2012年，我受聘成为广西壮族自治区主席院士顾问，并在广西壮族自治区畜牧研究所设立草业科学院士工作站起。我们一起在试验地观察各种牧草的适应状况，讨论饲用植物资源利用和牧草品种选育；一起考察不同的草地，了解草产业发展，讨论广西和我国南方草业的发展途径。在共同的工作中，我们增进了彼此的了解，建立了深厚的友谊。赖所长走路不快不慢，讲话不慌不忙，给人稳重可靠的感觉。平淡的叙述中，时常会冒出一两句幽默的话语，听众忍俊不禁，他自己却若无其事。

随着接触的增多，我逐渐了解到，我和赖所长是同时代人，我年长他几岁。我们都曾经历过下乡时期，也都因表现出色，被推荐到大学学习。我读的是甘肃农业大学，他读的是广西农学院（现广西大学）。毕业后，他一直在广西壮族自治区畜牧研究所从事草业科学研究，从研究实习员、助理研究员、副研究员一直做到二级研究员。他曾到美国佛罗里达大学学习1年又4个月，专攻饲草学，并在繁忙的工作中完成了广西大学动物营养与饲料科学专业研究生的学业。1993—2015年，他担任广西壮族自治区畜牧研究所副所长，因此，我们一直习惯称他为赖所长。经过40余年的奋斗，他逐渐成为我国南方草业科学的领军人物之一，在选育优良牧草品种方面成绩卓著，先后主持或参与育成牧草品种30余个，其中，桂牧1号杂交象草、甜象草等已成为南方主栽品种。他建立的粮、灌、草、畜结合发展草地农业的模式，已成为广西治理退化土地、脱贫攻坚的主要途径之一。

草地植物是国家的宝贵资源，对其的开发与利用程度直接反映了国家的经济与科技实力。中华人民共和国成立前，百业凋敝，民不聊生，虽有少数学者对我国的草地植物资源开展过零星调查研究，但这一领域大多数的文献出自欧洲、美国和日本的学者。1949年以来，国家相当重视对资源的考察利用，基本查清了各种主要资源的“家底”。改革开放以来，我国科技工作突飞猛进，获得了大批创新性成果。《中国植物志》的出版，是我国学术界具有里程碑意义的大事。随后，各省（区、市）依据需求也开展了当地植物资源的调查和编写工作。据了解，全国已有29个省（区、市）出版了自己的地方植物志。所有这些工作都为掌握和利用我国丰富的植物资源提供了重要依据，为发展相关学科奠定了重要基础，也为我国饲用植物资源的研究与开发利用提供了重要支撑。

我国20世纪80年代开展的第一次全国草原资源调查，也包括草地植物资源的调查。国家科技部在 20 世纪 80 年代末期，专门立项开展饲用植物资源调查。自那时起，这项工作便有了长足的进展。近年来，原农业部部署各省（区、市）开展草原清查，进一步明确了草原植物资源的现状，但将成果以饲用植物资源或植物志的形式整理出版的却不是很多。

广西是我上小学时有限知道的几个省（区、市）之一。著名作家杨朔关于广西秀美山水的散文，电影《刘三姐》中悠扬的歌声和美丽的风光，在我儿时的记忆中都留下了十分深刻的印象。自和赖所长开展合作研究以来，我对广西又有了更全面的认识：这里不仅有浪漫的风情和如画的景致，还有独特的生物与草业特色。

广西生物多样性丰富。北回归线横贯的广西中部地区，是典型的亚热带季风气候区和热带季风气候区，具有山地、丘陵、台地、平原、石山、水域等地貌类型，气候温暖，雨水丰沛，是我国生物多样性尤为丰富的省区之一。据统计，全区共有高等植物 7400 余种，在全国各省（区、市）中位列第四，仅次于云南、四川和西藏。

广西草山草坡面积大，生产潜力大。据第一次全国草原资源调查显示，广西有草山草坡 1.3 亿亩（注：亩为非法定单位。1 亩 ≈ 667 m^2，1 hm^2=15 亩），在南方 14 个省（区、市）中位列第三，仅次于四川和云南。在科学、合理的管理利用条件下，广西的优质牧草产量可达北方草原的 4~6 倍，栽培草地产草量可提高 10 倍以上。

同时，广西石漠化严重。广西石漠化面积达 3570 万亩，占南方同类土地面积的 17.9%。因此，广西也是草业工作者大有可为的地方。当前首要任务之一是调查、搜集并评价广西宝贵的饲用植物资源，为培育牧草新品种、改善生态环境、提高草地生产力提供科技支撑和物质基础，从而促进当地经济与社会发展，满足人们对美好生活的需求。

在赖所长的领导和组织下，广西在饲用植物资源调查与利用方面取得了突出性成果。他们结合各类科研项目，持续不断地开展工作，基本上摸清了广西饲用植物的“家底”，完成了《广西草地饲用植物资源》和《广西饲用植物志第Ⅱ卷》两本著作，并将由广西科学技术出版社出版。

其中，《广西草地饲用植物资源》介绍了广西草地饲用植物 173 科共 1337 种，包括禾本科 244 种、豆科 184 种。书中对每种植物的生境、性状、分布和饲用价值分别进行了介绍；同时介绍了草地有毒有害植物 104 种。

《广西草地饲用植物资源》和《广西饲用植物志第Ⅱ卷》是赖所长和编者们集智攻关、团结协作的成果。长期以来，他们联合广西内外不同学科的学者们共同开展研究，并通过国际合作项目，吸引国外学者一起工作，仅骨干人员便达 80 余人。几代人围绕着一个共同的目标，攻坚克难，传承发展。我在全国性的学术会议中，曾不止一次呼吁草业科学工作者要有海纳百川的胸怀，团结不同学科的学者，吸收不同领域的成果，促进草业科学的发展。这两部著作的完成，恰恰体现了团结协作干大事的工作态度，值得发扬。

这两部著作汇集了编者们的众多研究成果。他们深入实际，开展产地调研，掌握第一手资料，行程达 2 万多公里，足迹遍及广西的山山岭岭，既包括平原、台地，也包括令人望而生畏的六万大山、九万大山、十万大山。哪里有植物，哪里就有他们的足迹。他们通过饲喂试验、长期实践及农户访谈，将饲用植物的适口性分为优、良、中、低、劣共 5 个等级。同时，他们也将一些最新的研究成果反映到著作中，如纤毛鸭嘴草、圆果雀稗、斑茅、圆叶舞草、翅荚决明、链荚豆、小槐花、肥牛树、任木等的利用；木本饲料如水东哥、壳菜果、顶果树等的开发；非常规饲草如水葫芦、空心莲子草、小蓬草、鬼针草、刺苋、土荆芥、蟛蜞菊、破坏草、飞机草等变“害”为宝的饲料资源化利用等。

这两部著作是赖所长率领团队辛勤劳动的结晶，是集编者们前后四十年努力而完成的厚重作品，是我国草业科学的宝贵财富。人生能有几个四十年？四十年如一日，坚持开展饲用植物的研究，真正体现了编者们“择一事终一生”、潜心研究、忍耐大寂寞、成就大事业的奉献精神。只要有这种精神，我们就没有克服不了的困难，没有攻克不了的难关。这也正是我们伟大的中华民族能屹立于世界民族之林而生生不息的重要原因之一。

祝贺赖所长等编写的《广西草地饲用植物资源》和《广西饲用植物志第Ⅱ卷》出版。其必将在广西及我国南方饲用植物资源利用、牧草新品种选育、草地改良和石漠化治理等工作中发挥重要作用！同时也期待更多优秀的草业科学著作问世！

中国工程院院士
兰州大学草地农业科技学院教授 南志标

目　录

禾本科 Gramineae

禾亚科 Agrostidoideae

羽茅 ***Achnatherum sibiricum***（L.）Keng
［***Achnatherum avenoides***（Honda）Y. L. Chang］

生境：山坡草地。

性状：多年生草本。

分布：象州。

饲用价值：良。牛、羊喜食全草。

芨芨草 ***Achnatherum splendens***（Trin.）Nevski.
（***Stipa splendens*** Trin.）

生境：山坡草地。

性状：多年生草本。

分布：融水、金城江区、南丹。

饲用价值：优。牛、羊喜食全草。

凤头黍 ***Acroceras munroanum***（Balansa）Henr.
（***Panicum munroanum*** Balansa）

生境：丘陵、山地、林边、山坡草地。

性状：多年生草本。高 15 ～ 40 cm。秆较纤细，下部平卧地上。

分布：天峨。

饲用价值：优。花果期 9 ～ 10 月。幼嫩植株可作家畜饲料。

小糠草（红顶草）***Agrostis alba*** L.

生境：潮湿山坡或山谷。

性状：多年生直立草本。

分布：马山、贵港*。

饲用价值：优。牛、羊、马喜食全草。

---

* 书中所列设区市仅特指市辖区范围。

华北剪股颖 ***Agrostis clavata*** Trin.
（***Agrostis matsumurae*** Hack. ex Honda）

生境：山坡草地。
性状：多年生草本。
分布：融水、龙胜、资源。
饲用价值：优。牛、羊、马喜食全草。

巨序剪股颖 ***Agrostis gigantea*** Roth

生境：山坡草地。
性状：多年生草本。
分布：资源、全州。
饲用价值：优。牛、羊、马喜食全草。

小花剪股颖 ***Agrostis micrantha*** Steud.
（***Agrostis myriantha*** Hook. f.）

生境：山坡草地。
性状：多年生草本。
分布：资源、鹿寨、融安、金秀。
饲用价值：优。牛、羊、马喜食全草。

西伯利亚剪股颖 ***Agrostis stolonifera*** L.
（***Agrostis sibirica*** V. Petr.）

生境：潮湿草地。
性状：多年生草本。
分布：河池。
饲用价值：优。牛、羊喜食茎叶。

毛颖草 ***Alloteropsis semialata***（R. Br.）Hitchc.
［***Panicum semialatum*** R. Br.；***Urochloa semialata***（R. Br.）Kunth］

生境：山坡草地。
性状：多年生草本。
分布：柳城、柳江区、鹿寨、融水、融安、三江、金城江区、罗城、宜州区、环江、东兰、巴马、凤山、南丹、天峨、兴安、全州、资源、龙胜、灵川、恭城、荔浦、平乐、灌阳、永福、田东、田阳区、平果、凌云、田林、隆林、乐业、德保、南宁、马山、合浦、北海、上思、浦北、灵山、兴宾区、武宣、象州、忻城、金秀、合山、桂平、平南、港北区、富川、八步区、容县、北流、龙州、天等、宁明等。

饲用价值：良。牛、羊采食幼嫩茎叶。

看麦娘 ***Alopecurus aequalis*** Sobol.

生境：潮湿处、田边。

性状：一年生直立草本。

分布：马山、陆川、金城江区、巴马、融水。

饲用价值：优。茎叶柔软，牛、羊、马喜食。

华须芒草 ***Andropogon chinensis***（Nees）Merr.（***Homoeatherum chinensis*** Nees）

生境：山坡草地。

性状：多年生簇生草本。

分布：合浦、环江。

饲用价值：良。牛、羊喜食茎叶。

水蔗草（糯米草、竹子草）***Apluda mutica*** L.

生境：潮湿草地、河边、沟边、林边、篱边。

性状：多年生草本。

分布：柳城、柳江区、鹿寨、融水、融安、三江、金城江区、罗城、宜州区、环江、东兰、巴马、凤山、南丹、天峨、兴安、全州、资源、龙胜、灵川、恭城、荔浦、平乐、灌阳、永福、田东、田阳区、平果、凌云、田林、西林、隆林、乐业、德保、南宁、马山、合浦、上思、浦北、灵山、兴宾区、武宣、象州、忻城、金秀、合山、桂平、平南、港北区、富川、八步区、容县、北流、龙州、天等、宁明等。

饲用价值：优。牛、羊、马喜食幼嫩茎叶。

楔颖草 ***Apocopis paleaceus***（Trin.）Hochr. [***Apocopis paleacea***（Trin.）Hochr.]

生境：山坡草地。

性状：多年生直立草本。

分布：南宁、上林、兴宾区、金秀、合山、鹿寨、融安、防城区、上思。

饲用价值：优。牛、羊、马喜食幼嫩茎叶。

瑞氏楔颖草（曲芒草）***Apocopis wrightii*** Munro

生境：干燥山坡草地。

性状：多年生丛生草本。

分布：合浦、兴宾区。

饲用价值：优。牛、羊、马喜食幼嫩植株。

华三芒草 *Aristida chinensis* Munro

生境：山坡草地。

性状：多年生丛生草本。

分布：柳城、柳江区、鹿寨、融水、融安、三江、金城江区、罗城、宜州区、环江、东兰、巴马、凤山、南丹、天峨、兴安、全州、资源、龙胜、灵川、恭城、荔浦、平乐、灌阳、永福、田东、田阳区、平果、凌云、田林、隆林、乐业、德保、南宁、马山、合浦、上思、浦北、灵山、兴宾区、武宣、象州、忻城、金秀、合山、桂平、平南、港北区、富川、八步区、容县、北流、天等、宁明等。

饲用价值：良。牛、羊采食幼嫩植株。

燕麦草（大蟹钓）*Arrhenatherum elatius*（Linn.）Pressl（*Avena elatior* Linn.）

生境：沙滩、海岸、干涸沼泽。

性状：多年生草本。

分布：兴安。

饲用价值：良。幼嫩植株可作牛、羊饲料。

荩草（绿竹）*Arthraxon hispidus*（Trin.）Makino（*Phalaris hispida* Thunb.）

生境：山坡草地、阴湿处。

性状：一年生细弱草本。

分布：柳城、柳江区、鹿寨、融水、融安、三江、金城江区、罗城、宜州区、环江、东兰、巴马、凤山、南丹、天峨、兴安、全州、资源、龙胜、灵川、恭城、荔浦、平乐、灌阳、永福、田东、田阳区、平果、凌云、田林、西林、隆林、乐业、德保、南宁、马山、合浦、上思、浦北、灵山、兴宾区、武宣、象州、忻城、金秀、合山、桂平、平南、港北区、富川、八步区、容县、博白、北流、龙州、天等、宁明等。

饲用价值：优。牛、羊、马喜食幼嫩茎叶。

矛叶荩草 *Arthraxon lanceolatus*（Roxb.）Hochst.（*Andropogon lanceolatus* Roxb.）

生境：旷野、阴湿处。

性状：多年生直立或匍匐草本。

分布：南宁、鹿寨、三江、融水、象州、兴宾区、武宣、金秀、都安、天峨。

饲用价值：优。各种家畜喜食全草。

小叶荩草 *Arthraxon microphyllus*（Trin.）Hochst.

生境：山坡草地。

性状：一年生草本。

分布：天峨。

饲用价值：良。牛、羊、马喜食幼嫩茎叶。

孟加拉野古草 *Arundinella bengalensis*（Spreng.）Druce（*Panicum bengalensis* Spreng.）

生境：山坡草地、潮湿处。

性状：多年生直立草本。

分布：灵山。

饲用价值：良。牛、羊、马喜食幼嫩植株。

丈野古草 *Arundinella decempedalis*（Kuntze）Janow.（*Panicum decempedalis* O. Kuntze）

生境：山坡草地。

性状：多年生直立草本。

分布：南宁。

饲用价值：良。牛、羊、马喜食幼嫩植株。

毛秆野古草（野古草、乌骨草）*Arundinella hirta*（Thunb.）Tanaka.（*Arundinella anomala* Stend.）

生境：山坡草地。

性状：多年生草本。

分布：柳城、柳江区、鹿寨、融水、融安、三江、南宁、马山、合浦、上思、浦北、灵山、兴宾区、武宣、象州、忻城、金秀、合山、桂平、平南、港北区、富川、八步区、龙州、天等、宁明等。

饲用价值：优。牛、羊、马喜食幼嫩茎叶。

石芒草 ***Arundinella nepalensis*** Trin.

生境：山坡草地、阴湿处。

性状：多年生直立草本。

分布：柳城、柳江区、鹿寨、融水、融安、三江、金城江区、罗城、宜州区、环江、东兰、巴马、凤山、南丹、天峨、兴安、全州、资源、龙胜、灵川、恭城、荔浦、平乐、灌阳、永福、田东、田阳区、平果、凌云、田林、西林、隆林、乐业、德保、南宁、马山、合浦、上思、浦北、灵山、兴宾区、武宣、象州、忻城、金秀、合山、桂平、平南、港北区、富川、八步区、北流、天等等。

饲用价值：优。牛、羊、马喜食幼嫩茎叶。

刺芒野古草 ***Arundinella setosa*** Trin.

生境：山坡草地、灌木丛。

性状：多年生直立草本。

分布：柳城、柳江区、鹿寨、融水、融安、三江、金城江区、罗城、宜州区、环江、东兰、巴马、凤山、南丹、天峨、兴安、全州、资源、龙胜、灵川、恭城、荔浦、平乐、灌阳、永福、田东、田阳区、平果、凌云、田林、西林、隆林、乐业、德保、南宁、马山、合浦、上思、浦北、灵山、兴宾区、武宣、象州、忻城、金秀、合山、桂平、平南、港北区、富川、八步区、容县、博白、北流、龙州、天等、宁明等。

饲用价值：良。牛、羊采食幼嫩茎叶。

芦竹（芦荻竹）***Arundo donax*** L.

生境：河边、路边。

性状：多年生高大草本。

分布：柳城、柳江区、鹿寨、融水、融安、三江、金城江区、罗城、宜州区、环江、东兰、巴马、凤山、南丹、天峨、兴安、全州、资源、龙胜、灵川、恭城、荔浦、平乐、灌阳、永福、田东、田阳区、平果、凌云、田林、西林、隆林、乐业、德保、南宁、马山、合浦、北海、防城区、上思、浦北、灵山、钦州、兴宾区、武宣、象州、忻城、金秀、合山、桂平、平南、港北区、富川、八步区、梧州、容县、博白、北流、龙州、天等、宁明等。

饲用价值：良。牛、羊、马喜食幼嫩茎叶。

野燕麦（异燕麦）***Avena fatua*** L.

生境：荒地、田野。

性状：一年生直立草本。

分布：全州、德保、那坡。

饲用价值：优。牛、羊、马喜食全草。

燕麦 ***Avena sativa*** L.

生境：栽培牧草。

性状：一年生草本。

分布：南宁。

饲用价值：优。牛、羊、马喜食全草。

地毯草 ***Axonopus compressus***（Sw.）Beauv.
［***Paspalum compressum***（Sw.）Raspail］

生境：山坡草地、灌木丛。

性状：多年生匍匐草本。

分布：柳城、柳江区、鹿寨、融水、融安、三江、金城江区、罗城、宜州区、环江、东兰、巴马、凤山、南丹、天峨、兴安、全州、资源、龙胜、灵川、恭城、荔浦、平乐、灌阳、永福、田东、田阳区、平果、凌云、田林、西林、隆林、乐业、德保、南宁、马山、合浦、上思、浦北、灵山、兴宾区、武宣、象州、忻城、金秀、合山、桂平、平南、港北区、富川、八步区、容县、北流、龙州、天等、宁明等。

饲用价值：优。牛、羊采食全草。

菵草（水稗子）***Beckmannia syzigachne***（Steud.）Fern.
［***Beckmannia erucaeformis*** auct. non（L.）Host.］

生境：水边潮湿处。

性状：一年生草本。

分布：巴马。

饲用价值：优。牛、羊、马喜食全草。

臭根子草 ***Bothriochloa bladhii***（Retz.）S. T. Blake
［***Bothriochloa intermedia***（R. Br.）A. Camus］

生境：山坡草地、路边、荒地。

性状：多年生丛生草本。

分布：柳城、柳江区、鹿寨、融水、融安、三江、金城江区、罗城、宜州区、环江、东兰、巴马、凤山、南丹、天峨、兴安、全州、资源、龙胜、灵川、恭城、荔浦、平乐、灌阳、永福、田东、田阳区、平果、凌云、田林、西林、隆林、乐业、德保、南宁、马山、合浦、上思、浦北、灵山、兴宾区、武宣、象州、忻城、金秀、合山、桂平、平南、港北区、富川、八步区、容县、博白、北流、龙州、天等、宁明等。

饲用价值：优。牛、羊采食幼嫩植株。

白羊草 ***Bothriochloa ischaemum***（L.）Keng

生境：山坡草地。
性状：多年生丛生草本。
分布：南宁、扶绥、西林、环江、宜州区。
饲用价值：优。牛、羊、马喜食幼嫩植株。

孔颖草 ***Bothriochloa pertusa***（L.）A. Camus

生境：山坡草地。
性状：多年生草本。
分布：梧州。
饲用价值：良。牛、羊采食茎叶。

四生臂形草 ***Brachiaria subquadripara***（Trin.）Hitchc

生境：草地、河边。
性状：一年生匍匐草本。
分布：环江、东兰、巴马。
饲用价值：优。牛、羊、马喜食全草。

毛臂形草（髯毛臂形草）***Brachiaria villosa***（Ham.）A. Camus

［***Brachiaria villosa*** var. ***barbata*** Bor；***Panicum villosum*** Lam.；***Urochloa coccosperma***（Steud.）Stapf ex Reeder］

生境：山坡草地、田野。
性状：一年生细弱匍匐草本。
分布：天峨。
饲用价值：优。牛、羊、马喜食茎叶。

疏花雀麦 ***Bromus remotiflorus***（Steud.）Ohwi

生境：山坡草地、田野。
性状：多年生草本。
分布：兴安、资源。
饲用价值：优。牛、羊、马喜食茎叶。

拂子茅（狼尾巴草）***Calamagrostis epigeios***（L.）Roth

生境：低湿地。

性状：多年生直立草本。

分布：全州、兴安、龙胜。

饲用价值：优。牛、羊喜食幼嫩茎叶。

硬秆子草（竹枝细柄草）*Capillipedium assimile*（Steud.）A. Camus [*Capillipedium glaucopsis*（Steud.）Stapf]

生境：山坡草地。

性状：多年生草本。

分布：灌阳、兴宾区、忻城、三江、东兰、环江、巴马、凤山、都安、天峨、罗城、百色。

饲用价值：优。牛、羊喜食幼嫩植株。

细柄草（吊丝草）*Capillipedium parviflorum*（R. Br.）Stapf

生境：山坡草地。

性状：多年生草本。

分布：柳城、柳江区、鹿寨、融水、融安、三江、金城江区、罗城、宜州区、环江、东兰、巴马、凤山、南丹、天峨、兴安、全州、资源、龙胜、灵川、恭城、荔浦、平乐、灌阳、永福、田东、田阳区、平果、凌云、田林、西林、隆林、乐业、德保、南宁、马山、合浦、上思、浦北、灵山、兴宾区、武宣、象州、忻城、金秀、合山、桂平、平南、港北区、富川、八步区、容县、北流、天等、宁明等。

饲用价值：优。牛、羊、马喜食幼嫩茎叶。

无芒山涧草 *Chikusichloa mutica* Keng

生境：溪边、湿地。

性状：多年生水生草本。

分布：上思、宁明。

饲用价值：优。牛喜食全草。

非洲虎尾草 *Chloris gayana* Kunth

生境：栽培牧草。

性状：多年生草本。

分布：南宁。

饲用价值：优。牛喜食全草。

虎尾草（棒锤草）*Chloris virgata* Sw.

生境：路边、田野、沙地。

性状：一年生直立草本。

分布：隆林、西林。

饲用价值：优。牛喜食全草。

竹节草（粘人草、鸡谷子）*Chrysopogon aciculatus*（Retz.）Trin.

生境：山坡草地。

性状：多年生匍匐草本。

分布：柳城、柳江区、鹿寨、融水、融安、三江、金城江区、罗城、宜州区、环江、东兰、巴马、凤山、南丹、天峨、兴安、全州、资源、龙胜、灵川、恭城、荔浦、平乐、灌阳、永福、田东、田阳区、平果、凌云、田林、西林、隆林、乐业、德保、南宁、马山、合浦、上思、浦北、灵山、兴宾区、武宣、象州、忻城、金秀、合山、桂平、平南、港北区、富川、八步区、容县、博白、北流、龙州、天等、宁明等。

饲用价值：优。幼嫩植株可作牛、羊、马饲料。

中华隐子草 *Cleistogenes chinensis*（Maxim.）Keng

生境：山坡、路边。

性状：多年生草本。

分布：全州。

饲用价值：良。牛、羊喜食幼嫩茎叶。

薏苡 *Coix lacryma-jobi* L.

生境：低湿地、田野。

性状：多年生直立草本。

分布：防城区、兴宾区、金秀、武宣、融水、巴马、凤山、南丹、宜州区、天峨。

饲用价值：优。牛、羊喜食秆、茎、叶。种子富含淀粉。

薏米（老鸦珠、川谷）*Coix lacryma-jobi* var. *ma-yuen*（Romanet du Caillaud）Stapf

［*Coix chinensis* var. *formosana*（Ohwi）L. Liu］

生境：山坡草地。

性状：多年生直立草本。

分布：柳城、柳江区、鹿寨、融水、融安、三江、金城江区、罗城、宜州区、环江、东兰、巴马、凤山、南丹、天峨、兴安、全州、资源、龙胜、灵川、恭城、荔浦、平乐、灌阳、永福、田东、田阳区、平果、凌云、田林、西林、隆林、乐业、德保、南宁、马山、合浦、上思、浦北、灵山、兴宾区、武宣、象州、忻城、金秀、合山、桂平、平南、港北区、富川、八步区、容县、博白、北流、龙州、天等、宁明等。

饲用价值：优。牛、羊喜食茎叶。种子富含淀粉。

柠檬草（香茅、青茅）*Cymbopogon citratus*（DC.）Stapf

生境：栽培作物。

性状：多年生粗壮草本。

分布：西林、环江、三江、龙胜。

饲用价值：良。牛、羊采食幼嫩茎叶。

芸香草 *Cymbopogon distans*（Nees）Wats.

生境：山坡草地。

性状：多年生丛生草本。

分布：钦州。

饲用价值：中。牛采食幼嫩茎叶。

橘草 *Cymbopogon goeringii*（Steud.）A. Camus

生境：山坡草地。

性状：多年生直立草本。

分布：南宁、浦北、天峨。

饲用价值：优。牛、羊采食幼嫩茎叶。

青香茅（香花草）*Cymbopogon mekongensis* A. Camus [*Cymbopogon caesius*（Nees ex Hook. et Arn.）Stapf]

生境：山坡草地。

性状：多年生丛生草本。

分布：柳城、柳江区、鹿寨、融水、融安、三江、金城江区、罗城、宜州区、环江、东兰、巴马、凤山、南丹、天峨、兴安、全州、资源、龙胜、灵川、恭城、荔浦、平乐、灌阳、永福、田东、田阳区、平果、凌云、田林、西林、隆林、乐业、德保、南宁、马山、合浦、上思、浦北、灵山、兴宾区、武宣、象州、忻城、金秀、合山、桂平、平南、港北区、富川、八步区、容县、北流、天等、宁明等。

饲用价值：优。幼嫩茎叶可作牛、羊饲料。

扭鞘香茅（臭草）*Cymbopogon tortilis*（J. Presl）A. Camus

生境：山坡草地。

性状：多年生丛生直立草本。

分布：柳城、柳江区、鹿寨、融水、融安、三江、金城江区、罗城、宜州区、环江、东兰、巴马、凤山、南丹、天峨、兴安、全州、资源、龙胜、灵川、恭城、荔浦、平乐、灌阳、永福、田东、田阳区、平果、凌云、田林、西林、隆林、乐业、德保、南宁、马山、合浦、上思、浦北、灵山、兴宾区、武宣、象州、忻城、金秀、合山、桂平、平南、港北区、富川、八步区、容县、博白、北流、天等、宁明等。

饲用价值：优。牛、羊采食幼嫩茎叶。

狗牙根（绊根草、行仪芝）*Cynodon dactylon*（L.）Pers.

生境：山坡草地、低湿地、田边。

性状：多年生匍匐草本。

分布：柳城、柳江区、鹿寨、融水、融安、三江、金城江区、罗城、宜州区、环江、东兰、巴马、凤山、南丹、天峨、兴安、全州、资源、龙胜、灵川、恭城、荔浦、平乐、灌阳、永福、田东、田阳区、平果、凌云、田林、西林、隆林、乐业、德保、南宁、马山、合浦、上思、浦北、灵山、兴宾区、武宣、象州、忻城、金秀、合山、桂平、平南、港北区、富川、八步区、容县、博白、北流、天等、宁明等。

饲用价值：优。牛、羊、马喜食茎叶。

岸杂一号狗牙根 *Cynodon dactylon*（L.）Pers. cv. Coastcross-1

生境：栽培牧草。

性状：多年生草本。

分布：南宁。

饲用价值：优。牛、羊、马喜食全草。

双花狗牙根 *Cynodon dactylon* var. *biflorus* Merino

生境：低湿地、路边。

性状：多年生匍匐草本。

分布：合浦。

饲用价值：优。牛、羊喜食茎叶。

弓果黍 *Cyrtococcum patens*（L.）A. Camus

生境：山坡草地、林下。

性状：一年生草本。

分布：兴宾区、浦北、北海、合浦、贵港、西林、东兰、巴马。

饲用价值：良。牛、羊、马喜食幼嫩植株。

龙爪茅（油草）***Dactyloctenium aegyptium***（L.）Beauv.

生境：山坡草地。
性状：一年生直立草本。
分布：南宁、防城区、浦北、合浦、平乐。
饲用价值：良。牛、羊食幼嫩茎叶。

扁芒草 ***Danthonia schneideri*** Pilger

生境：山坡草地。
性状：多年生草本。
分布：凤山。
饲用价值：良。牛、羊喜食幼嫩茎叶。

发草 ***Deschampsia caespitosa***（L.）Beauv.

生境：低湿地、河边。
性状：多年生直立草本。
分布：浦北、象州。
饲用价值：良。牛、羊喜食全草。

纤毛野青茅 ***Deyeuxia arundinacea*** var. ***ciliata***（Honda）P. C. Kuo et S. L. Lu

生境：林下、山坡草地。
性状：多年生草本。
分布：全州、龙胜、富川、融水。
饲用价值：优。牛、羊喜食幼嫩茎叶。

箱根野青茅 ***Deyeuxia hakonensis***（Franch. et Sav.）Keng

生境：林下。
性状：多年生草本。
分布：金城江区、南丹。
饲用价值：优。牛、羊喜食幼嫩茎叶。

双花草 ***Dichanthium annulatum***（Forsk.）Stapf

生境：山坡草地。
性状：多年生草本。
分布：武宣。

饲用价值：优。牛、羊、马喜食柔嫩茎叶。

升马唐 *Digitaria ciliaris*（Retz.）Koel.

[***Digitaria chinensis***（Nees）A. Camus.；***Digitaria adscendens***（H. B. K.）Henrard]

生境：低湿草地。

性状：一年生草本。

分布：柳城、柳江区、鹿寨、融水、融安、三江、金城江区、罗城、宜州区、环江、东兰、巴马、凤山、南丹、天峨、兴安、全州、资源、龙胜、灵川、恭城、荔浦、平乐、灌阳、永福、田东、田阳区、平果、凌云、田林、隆林、乐业、德保、南宁、马山、合浦、上思、浦北、灵山、兴宾区、武宣、象州、忻城、金秀、合山、桂平、平南、港北区、富川、八步区、北流、天等、宁明等。

饲用价值：优。牛、羊喜食幼嫩茎叶。

纤维马唐 *Digitaria fibrosa*（Hack.）Stapf

生境：山坡草地。

性状：多年生草本。

分布：南宁。

饲用价值：优。牛、羊、马喜食茎叶。

止血马唐（无毛叉子草）*Digitaria ischaemum*（Schreb.）Schreb.

生境：田边、田野潮湿处。

性状：一年生草本。

分布：浦北、上林、巴马、凤山、南丹、天峨、武宣、融水。

饲用价值：优。牛、羊喜食幼嫩植株。

长花马唐（长花水草）*Digitaria longiflora*（Retz.）Pers.

生境：山坡草地、低湿地。

性状：多年生匍匐草本。

分布：南宁、灵山。

饲用价值：优。牛、羊、马喜食全草。

马唐（假马唐）*Digitaria sanguinalis*（L.）Scop.

生境：草地、田野、路边、荒地、耕地。

性状：一年生草本。

分布：柳城、柳江区、鹿寨、融水、融安、三江、金城江区、罗城、宜州区、环江、东兰、巴马、

风山、南丹、天峨、兴安、全州、资源、龙胜、灵川、恭城、荔浦、平乐、灌阳、永福、田东、田阳区、平果、凌云、田林、西林、隆林、乐业、德保、南宁、马山、合浦、上思、浦北、灵山、兴宾区、武宣、象州、忻城、金秀、合山、桂平、平南、港北区、富川、八步区、容县、博白、北流、龙州、天等、宁明等。

饲用价值：优。牛、羊、马喜食幼嫩植株。

海南马唐（短颖马唐）*Digitaria setigera* Roth ex Roem et Schult.［*Digitaria microbachne*（Presl）Henr.］

生境：旷野、荒地。

性状：一年生草本。

分布：天峨、南宁。

饲用价值：优。牛、羊、马喜食全草。

三数马唐 *Digitaria ternata*（Hochst.）Stapf ex Dyer.

生境：林下、山坡草地。

性状：一年生直立草本。

分布：灵山、南宁。

饲用价值：优。植株可作牛、羊、马饲料。

紫马唐（五指草、油线草、莩草）*Digitaria violascens* Link.

生境：山坡草地、路边。

性状：一年生丛生草本。

分布：南宁、上思、灌阳、东兰、凤山、巴马、环江、天峨、富川、融水。

饲用价值：优。幼嫩茎叶可作牛、羊、马饲料。

镰形觿茅 *Dimeria falcata* Hack.

生境：低湿草地。

性状：多年生草本。

分布：防城区。

饲用价值：中。植株可作牛、羊、马饲料。

觿茅（雁茅、雁股茅）*Dimeria ornithopoda* Trin.

生境：低湿草地、岩石边、山坡旁。

性状：多年生草本。

分布：浦北。

饲用价值：优。幼嫩茎叶可作牛、羊、马饲料。

光头稗（芒稷）*Echinochloa colona*（Linn.）Link
[*Echinochloa colonum*（L.）Link.]

生境：田野、路边。

性状：一年生直立草本。

分布：南宁、马山、都安、天峨。

饲用价值：优。幼嫩茎叶可作牛、羊、马饲料。

稗（稗子）*Echinochloa crus-galli*（L.）P. Beauv.

生境：低湿地、沼泽。

性状：一年生草本。

分布：南宁、马山、防城区、上思、灌阳、田东、西林、合山、象州、武宣、忻城、金秀、三江、融水、贵港、凤山、宜州区。

饲用价值：优。幼嫩茎叶可作牛、马饲料。

无芒稗 *Echinochloa crus-galli* var. *mitis*（Pursh）Petermann

生境：水边、路边、旱地。

性状：一年生直立草本。

分布：合浦。

饲用价值：优。植株可作牛、马饲料。

孔雀稗 *Echinochloa cruspavonis*（H. B. K.）Schult.

生境：沼泽。

性状：一年生直立草本。

分布：合浦。

饲用价值：优。幼嫩植株可作牛饲料。

旱稗 *Echinochloa hispidula*（Retz.）Nees.

生境：低湿地、田野。

性状：一年生直立草本。

分布：天峨、兴宾区、资源、融水。

饲用价值：优。植株可作牛、羊、马饲料。

䅟（龙爪稷）*Eleusine coracana*（L.）Gaertn.

生境：栽培作物。

性状：一年生直立草本。

分布：桂林、宜州区、环江。

饲用价值：优。幼嫩茎叶可作牛饲料。

牛筋草（蟋蟀草）*Eleusine indica*（L.）Gaertn.

生境：田野、山坡草地、路边。

性状：一年生丛生草本。

分布：柳城、柳江区、鹿寨、融水、融安、三江、金城江区、罗城、宜州区、环江、东兰、巴马、凤山、南丹、天峨、兴安、全州、资源、龙胜、灵川、恭城、荔浦、平乐、灌阳、永福、田东、田阳区、平果、凌云、田林、西林、隆林、乐业、德保、南宁、马山、合浦、上思、浦北、灵山、兴宾区、武宣、象州、忻城、金秀、合山、桂平、平南、港北区、富川、八步区、容县、博白、北流、天等、宁明等。

饲用价值：优。嫩叶可作牛、马饲料。

纤毛鹅观草（纤毛披碱草）*Elymus ciliaris*（Trinius ex Bunge）Tzvelev［*Roegneria ciliaris*（Trin.）Nevski］

生境：山坡草地、湿润草地、路边。

性状：多年生草本。秆单生或成疏丛，直立，基部节常膝曲，高 40 ～ 80 cm，平滑无毛。

分布：融水、资源、龙胜、全州、凤山。

饲用价值：优。幼嫩时全株可作牛饲料。成熟时有硬毛，不宜食用。

鹅观草（柯孟披碱草、弯穗鹅观草）*Elymus kamoji*（Ohwi）S. L. Chen（*Roegneria kamoji* Ohwi）

生境：山坡草地、湿润草地。

性状：多年生草本。

分布：金秀、环江、兴安、龙胜、融水。

饲用价值：优。幼嫩时全株可作牛饲料。成熟时有硬毛，不宜食用。

细瘦鹅观草 *Elymus kamoji* var. *macerrimus*（Keng）G. Zhu（*Roegneria kamoji* var. *macerrima* Keng）

生境：山坡草地、路边。

性状：多年生草本。秆直立或基部倾斜，高 30 ～ 100 cm。叶片狭窄。穗状花序较细。

分布：资源。

饲用价值：优。幼嫩时全株可作牛饲料。成熟时芒粗糙，适口性差。

鼠妇草 *Eragrostis atrovirens*（Desf.）Trin. ex Steud.

生境：路边、溪边、山坡草地、荒地。

性状：多年生直立草本。

分布：柳城、柳江区、鹿寨、融水、融安、三江、金城江区、罗城、宜州区、环江、东兰、巴马、凤山、南丹、天峨、兴安、全州、资源、龙胜、灵川、恭城、荔浦、平乐、灌阳、永福、田东、田阳区、平果、凌云、田林、西林、隆林、乐业、德保、南宁、马山、合浦、上思、浦北、灵山、兴宾区、武宣、象州、忻城、金秀、合山、桂平、平南、富川、八步区、梧州、容县、北流、天等、宁明等。

饲用价值：优。幼嫩植株可作牛、羊饲料。

珠芽画眉草 *Eragrostis bulbillifera* Steud.

生境：田野、路边。

性状：多年生直立草本。

分布：钦州。

饲用价值：良。植株可作牛、羊饲料。

大画眉草 *Eragrostis cilianensis*（All.）Link ex Vignolo-Lutati

生境：山坡草地、路边。

性状：一年生丛生草本。

分布：南宁、防城区、上思、灵山、浦北、灌阳、德保。

饲用价值：良。幼嫩茎叶可作牛、羊饲料。

短穗画眉草 *Eragrostis cylindrica*（Roxb.）Nees

生境：山坡草地。

性状：多年生直立草本。

分布：南宁、兴宾区。

饲用价值：良。幼嫩茎叶可作牛、羊饲料。

知风草 *Eragrostis ferruginea*（Thunb.）Beauv.

生境：路边、田野、山坡草地。

性状：多年生草本。

分布：柳城、柳江区、鹿寨、融水、融安、三江、金城江区、罗城、宜州区、环江、东兰、巴马、凤山、南丹、天峨、兴安、龙胜、灵川、恭城、荔浦、平乐、灌阳、永福、田东、田阳区、平果、凌云、田林、隆林、乐业、德保、南宁、马山、合浦、防城区、上思、浦北、灵山、兴宾区、武宣、象州、忻城、合山、桂平、平南、港北区、富川、八步区、容县、北流、天等、宁明等。

饲用价值：优。幼嫩植株可作牛、羊饲料。

乱草 ***Eragrostis japonica***（Thunb.）Trin.

生境：低湿地、荒地、路边、河边。

性状：一年生丛生草本。

分布：兴宾区、贵港、东兰、巴马、南宁。

饲用价值：优。幼嫩植株可作牛、羊饲料。

长穗鼠妇草（卡氏画眉草）***Eragrostis longispicula*** S. C. Sun et H. Q. Wang

生境：山坡、路边。

性状：多年生直立草本。

分布：浦北、兴宾区。

饲用价值：良。植株可作牛、羊饲料。

小画眉草 ***Eragrostis minor*** Host（***Eragrostis poaeoides*** P. Beauv.）

生境：山坡草地、田野、路边。

性状：一年生草本。

分布：防城区、上思、灵山、浦北、上林、博白、凌云、兴宾区、武宣、金秀、融水、巴马、南丹、天峨。

饲用价值：优。幼嫩植株可作牛、羊饲料。

华南画眉草（尼氏画眉草、清远画眉草）***Eragrostis nevinii*** Hance.

生境：山坡草地。

性状：多年生直立草本。

分布：兴宾区。

饲用价值：良。幼嫩植株可作牛、羊饲料。

黑穗画眉草 ***Eragrostis nigra*** Nees ex Steud.

生境：山坡草地。

性状：多年生丛生草本。

分布：北海。

饲用价值：良。幼嫩植株可作牛、羊饲料。

宿根画眉草 ***Eragrostis perennans*** Keng

生境：山坡草地、田野、路边。

性状：多年生直立草本。

分布：南宁、马山、兴宾区、象州、兴安、龙胜、灌阳、东兰、环江、巴马。

饲用价值：良。幼嫩茎叶可作牛、羊饲料。

疏穗画眉草 ***Eragrostis perlaxa*** Keng

生境：路边、坡地。

性状：多年生直立草本。

分布：马山、南宁。

饲用价值：优。幼嫩植株可作牛、羊饲料。

画眉草（蚊子草）***Eragrostis pilosa***（L.）Beauv.

生境：山坡草地。

性状：一年生草本。

分布：柳城、柳江区、鹿寨、融水、融安、三江、金城江区、罗城、宜州区、环江、东兰、巴马、凤山、南丹、天峨、兴安、全州、资源、龙胜、灵川、恭城、荔浦、平乐、灌阳、永福、田东、田阳区、平果、凌云、田林、西林、隆林、乐业、德保、南宁、马山、合浦、防城区、上思、浦北、灵山、兴宾区、武宣、象州、忻城、金秀、合山、桂平、平南、港北区、富川、八步区、容县、博白、北流、天等、宁明等。

饲用价值：优。幼嫩茎叶可作牛、羊饲料。

无毛画眉草 ***Eragrostis pilosa***（Linn.）Beauv. var. ***imberbis*** Franch.

生境：山坡草地、田野。

性状：一年生丛生草本。

分布：合浦。

饲用价值：优。幼嫩植株可作牛、羊饲料。

鲫鱼草（南部知风草）***Eragrostis tenella***（L.）Beauv. ex Roem. et Schult.

生境：山坡草地、荒地。

性状：一年生草本。

分布：合浦、都安、宜州区、环江。

饲用价值：优。幼嫩植株可作牛、羊饲料。

牛虱草 *Eragrostis unioloides*（Retz.）Nees ex Steud.

生境：低湿地、山坡荒地、屋边。

性状：一年生草本。

分布：南宁、凤山、天峨、环江。

饲用价值：优。幼嫩植株可作牛、羊饲料。

长画眉草 *Eragrostis zeylanica* Nees et Mey.

生境：坡地、田野。

性状：多年生草本。

分布：南宁。

饲用价值：优。幼嫩植株可作牛、羊饲料。

蜈蚣草（百足草）*Eremochloa ciliaris*（L.）Merr.

生境：山坡草地、路边。

性状：多年生草本。

分布：柳城、柳江区、鹿寨、融水、融安、三江、金城江区、罗城、宜州区、环江、东兰、巴马、凤山、南丹、天峨、兴安、龙胜、灵川、恭城、荔浦、平乐、灌阳、永福、田东、田阳区、平果、凌云、田林、西林、隆林、乐业、德保、南宁、马山、合浦、上思、浦北、灵山、兴宾区、武宣、象州、忻城、合山、桂平、平南、港北区、富川、八步区、容县、博白、北流、龙州、天等、宁明等。

饲用价值：优。幼嫩植株可作牛、羊饲料。

假俭草 *Eremochloa ophiuroides*（Munro）Hack.

生境：潮湿草地、山脚、路边。

性状：多年生匍匐草本。

分布：柳城、柳江区、鹿寨、融水、融安、三江、金城江区、罗城、宜州区、环江、东兰、巴马、凤山、南丹、天峨、兴安、灵川、恭城、荔浦、平乐、灌阳、永福、田东、田阳区、平果、凌云、田林、隆林、乐业、德保、南宁、马山、合浦、上思、浦北、灵山、兴宾区、武宣、象州、忻城、合山、桂平、平南、港北区、富川、八步区、容县、北流、龙州、天等、宁明等。

饲用价值：优。牛、羊、马喜食地上部分。

马陆草 *Eremochloa zeylanica* Hack.

生境：山坡草地。

性状：多年生草本。

分布：荔浦、宜州区。

饲用价值：良。地上部分可作牛、羊、马饲料。

鹧鸪草 ***Eriachne pallescens*** R. Br.

生境：山坡草地、林下。

性状：多年生草本。

分布：柳城、柳江区、鹿寨、融水、融安、三江、金城江区、罗城、宜州区、环江、东兰、巴马、凤山、南丹、天峨、兴安、灵川、恭城、荔浦、平乐、灌阳、永福、田东、田阳区、平果、凌云、田林、隆林、乐业、德保、南宁、马山、合浦、上思、浦北、灵山、兴宾区、武宣、象州、忻城、合山、桂平、平南、港北区、富川、八步区、容县、北流、天等、宁明等。

饲用价值：良。幼嫩茎叶可作牛饲料。

台蔗茅 ***Erianthus formosanus*** Stapf

生境：山坡草地、旷野。

性状：多年生草本。

分布：兴宾区。

饲用价值：良。嫩时可食。

高野黍 ***Eriochloa procera***（Retz.）C. E. Hubb.

生境：旷野、潮湿处。

性状：一年生草本。

分布：巴马。

饲用价值：优。幼嫩茎叶可作牛、羊、马饲料。

野黍 ***Eriochloa villosa***（Thunb.）Kunth

生境：山坡、潮湿处。

性状：一年生草本。

分布：田林。

饲用价值：优。幼嫩茎叶可作牛、羊、马饲料。

类蜀黍（大刍草）***Euchlaena mexicana*** Schrad.

生境：栽培牧草。

性状：一年生直立草本。

分布：兴宾区、东兰、天峨。

饲用价值：中。幼嫩茎叶可作牛饲料。

龚氏金茅（小金茅）*Eulalia leschenaultiana*（Decne.）Ohwi.

生境：山坡草地。

性状：多年生草本。

分布：合浦。

饲用价值：优。幼嫩植株可作牛饲料。

棕茅 *Eulalia phaeothrix*（Hack.）Kuntze

生境：山坡、林下。

性状：多年生直立草本。

分布：兴宾区、金秀、马山、兴安、鹿寨、都安、南丹。

饲用价值：良。幼嫩茎叶可作牛饲料。

四脉金茅（大油草、毛草）*Eulalia quadrinervis*（Hack.）Kuntze

生境：山坡草地、林下。

性状：多年生直立草本。

分布：南宁、马山、扶绥、崇左、防城区、上思、钦州、灌阳、荔浦、全州、兴安、灵川、资源、兴宾区、合山、象州、武宣、忻城、三江、融水、东兰、巴马、凤山、环江、都安、南丹、宜州区、天峨。

饲用价值：优。幼嫩茎叶可作牛饲料。

金茅（小油草）*Eulalia speciosa*（Debeaux）Kuntze

生境：山坡草地、林下。

性状：多年生直立草本。

分布：南宁、马山、上思、灵山、浦北、钦州、合浦、灌阳、平乐、全州、兴安、龙胜、灵川、恭城、资源、桂平、平南、容县、凤山、环江、南丹、天峨、兴宾区、合山、武宣、忻城、金秀、鹿寨、融安、三江、融水。

饲用价值：优。牛、羊喜食幼嫩茎叶。

拟金茅（龙须草）*Eulaliopsis binata*（Retz.）C. E. Hubb.

生境：山坡草地。

性状：多年生草本。

分布：柳城、柳江区、鹿寨、融水、融安、三江、金城江区、罗城、宜州区、环江、东兰、巴马、凤山、南丹、天峨、兴安、全州、资源、龙胜、灵川、恭城、荔浦、平乐、灌阳、永福、田东、田阳区、平果、凌云、田林、西林、隆林、乐业、德保、南宁、马山、合浦、上思、浦北、灵山、兴宾区、武宣、象州、忻城、金秀、合山、桂平、平南、港北区、富川、八步区、容县、博白、北流、龙州、天等、宁明等。

饲用价值：中。幼嫩茎叶可作牛、羊饲料。

真穗草 ***Eustachys tenera***（J. Presl）A. Camus ［***Eustachys tener***（J. S. Presl）A. Camus］

生境：草地、河边、林下。

性状：多年生草本。

分布：北海。

饲用价值：中。幼嫩茎叶可作牛饲料。

高羊茅 ***Festuca elata*** Keng ex E. Alexeev

生境：路边、田野、林下。

性状：多年生草本。

分布：合浦。

饲用价值：良。幼嫩茎叶可作牛饲料。

小颖羊茅（细稃狐茅）***Festuca parvigluma*** Steud.

生境：路边、田野、林下。

性状：多年生草本。

分布：资源、兴安、龙胜、全州、灌阳、融水。

饲用价值：良。幼嫩茎叶可作牛饲料。

紫羊茅（红狐茅）***Festuca rubra*** L.

生境：山坡草地。

性状：多年生草本。

分布：金城江区、南丹。

饲用价值：优。幼嫩茎叶可作牛、羊、马饲料。

三芒耳稃草 ***Garnotia triseta*** Hitchc.

生境：山谷、湿润田野、路边。

性状：多年生草本。

分布：防城区。

饲用价值：良。幼嫩茎叶可作牛饲料。

筒穗草 ***Germainia capitata*** Bal. et Poitr.

生境：山坡草地。

性状：多年生草本。

分布：合浦。

饲用价值：中。幼嫩茎叶可作牛饲料。

甜茅 ***Glyceria acutiflora*** subsp. ***japonica***（Steud.）T. Koyana et Kawano

生境：水边。

性状：多年生草本。

分布：贵港、河池。

饲用价值：优。幼嫩茎叶可作牛、羊、马饲料。

球穗草（球颖草、亥氏草）***Hackelochloa granularis***（L.）Kuntze

生境：河边、田边、山坡草地。

性状：一年生草本。

分布：田阳区、隆林、西林、兴宾区、都安、东兰、巴马、环江、宜州区、南宁。

饲用价值：优。幼嫩茎叶可作牛饲料。

扁穗牛鞭草 ***Hemarthria compressa***（L. f.）R. Br.

生境：低湿地、荒地、路边、园地。

性状：多年生草本。

分布：南宁、灵山、平乐、荔浦、贵港、陆川、博白、容县、西林、三江、融水、忻城、金秀、南丹、天峨。

饲用价值：优。地上部分可作畜禽饲料。

小牛鞭草 ***Hemarthria humilis*** Keng
（***Hemarthria protensa*** Steud.）

生境：低湿地、荒地、路边、庭园边。

性状：多年生草本。

分布：梧州、河池。

饲用价值：优。地上部分可作畜禽饲料。

黄茅（扭黄茅）*Heteropogon contortus*（L.）P. Beauv. ex Roem. et Schult.

生境：山坡、林下。

性状：多年生草本。

分布：柳城、柳江区、鹿寨、融水、融安、三江、金城江区、罗城、宜州区、环江、东兰、巴马、凤山、南丹、天峨、兴安、全州、资源、龙胜、灵川、恭城、荔浦、平乐、灌阳、永福、田东、田阳区、平果、凌云、田林、西林、隆林、乐业、德保、南宁、马山、合浦、上思、浦北、灵山、兴宾区、武宣、象州、忻城、金秀、合山、桂平、平南、港北区、富川、八步区、容县、博白、北流、龙州、天等、宁明等。

饲用价值：优。幼嫩茎叶可作牛、羊饲料。成熟后果实有害。

紫大麦草（紫野麦草）*Hordeum violaceum* Boiss. et Huet.

生境：草地、河边、路边。

性状：多年生草本。

分布：河池。

饲用价值：良。幼嫩茎叶可作牛、羊饲料。

水禾 *Hygroryza aristata*（Retz.）Nees

生境：低湿地、沟边。

性状：多年生浮水草本。

分布：宜州区。

饲用价值：优。幼嫩茎叶可作猪、牛、鱼饲料。

膜稃草 *Hymenachne amplexicaulis*（Rudge）Nees
[*Hymenachne acutigluma*（Steud.）Gill.]

生境：山坡草地。

性状：多年生高大草本。

分布：环江、南宁。

饲用价值：优。幼嫩茎叶可作猪、牛、鱼饲料。

白茅（茅针、茅根）*Imperata cylindrica*（L.）Beauv.

生境：荒山、路边、田边。

性状：多年生草本。

分布：柳城、柳江区、鹿寨、融水、融安、三江、金城江区、罗城、宜州区、环江、东兰、巴马、凤山、南丹、天峨、兴安、全州、资源、龙胜、灵川、恭城、荔浦、平乐、灌阳、永福、田东、田阳区、平果、凌云、田林、西林、隆林、乐业、德保、南宁、马山、合浦、上思、浦北、灵山、兴宾区、武宣、象州、忻城、金秀、合山、桂平、平南、港北区、富川、八步区、容县、博白、北流、龙州、天等、宁明等。

饲用价值：良。嫩叶可作牛饲料。为顽固杂草。

白花柳叶箬 ***Isachne albens*** Trin.

生境：低湿地、林下、河边、山坡草地。

性状：多年生草本。

分布：龙胜、环江、南宁、富川。

饲用价值：优。嫩叶可作牛、羊、马饲料。

柳叶箬（细叶篠）***Isachne globosa***（Thunb.）Kuntze

生境：低湿地、林下。

性状：多年生匍匐草本。

分布：柳城、柳江区、鹿寨、融水、融安、三江、金城江区、罗城、宜州区、环江、东兰、巴马、凤山、南丹、天峨、兴安、全州、资源、龙胜、灵川、恭城、荔浦、平乐、灌阳、永福、田东、田阳区、平果、凌云、田林、西林、隆林、乐业、德保、南宁、马山、合浦、北海、上思、浦北、灵山、兴宾区、武宣、象州、忻城、金秀、合山、桂平、平南、港北区、富川、八步区、容县、北流、龙州、天等、宁明等。

饲用价值：优。幼嫩植株可作牛、羊、兔饲料。

肯氏柳叶箬 ***Isachne kunthiana***（Wight & Arn. ex Steud.）Miq.

生境：低湿地、林下。

性状：多年生草本。

分布：平南。

饲用价值：优。幼嫩植株可作牛、羊、兔饲料。

日本柳叶箬（华柳叶箬）***Isachne nipponensis*** Ohwi

生境：低湿地、林下。

性状：多年生草本。

分布：阳朔。

饲用价值：优。花期夏秋季。幼嫩植株可作牛、羊、兔饲料。

类蓼柳叶箬 ***Isachne polygonoides***（Lam.）Döll.

生境：山坡草地、灌木丛、河沟边低湿地。

性状：一年生草本。

分布：宜州区、巴马、武宣、三江、融水。
饲用价值：优。牛、羊喜食全株。

矮小柳叶箬（二型柳叶箬）***Isachne pulchella*** Roth（***Isachne dispar*** Trin.）

生境：低湿地、林下、山坡草地、灌木丛。
性状：多年生草本。
分布：凤山。
饲用价值：优。嫩叶可作牛、羊、马饲料。

匍匐柳叶箬 ***Isachne repens*** Keng

生境：山坡草地、林下。
性状：多年生匍匐草本。
分布：合浦。
饲用价值：优。幼嫩茎叶可作牛饲料。

平颖柳叶箬 ***Isachne truncata*** A. Camus

生境：山坡草地、林下。
性状：多年生草本。
分布：灌阳、恭城、富川。
饲用价值：优。幼嫩茎叶可作牛饲料。

有芒鸭嘴草（芒穗鸭嘴草、本田鸭嘴草）***Ischaemum aristatum*** L.（***Ischaemum guangxiense*** Zhao）

生境：山坡草地、路边。
性状：多年生草本。
分布：南宁、浦北、合浦、环江。
饲用价值：优。幼嫩茎叶可作牛、羊饲料。

细毛鸭嘴草（纤毛鸭嘴草）***Ischaemum ciliare*** Retz.［***Ischaemum indicum***（Houtl.）Merr.］

生境：山坡、林下、路边、田边。
性状：多年生直立草本。
分布：柳城、柳江区、鹿寨、融水、融安、三江、金城江区、罗城、宜州区、环江、东兰、巴马、凤山、南丹、天峨、兴安、全州、资源、龙胜、灵川、恭城、荔浦、平乐、灌阳、永福、田东、田阳区、平果、凌云、田林、西林、隆林、乐业、德保、南宁、马山、合浦、北海、上思、浦北、灵山、兴宾区、武宣、象州、忻城、金秀、合山、桂平、平南、港北区、富川、八步区、容县、博白、北流、龙州、天等、宁明等。

饲用价值：优。幼嫩植株可作牛、羊、兔饲料。

田间鸭嘴草 ***Ischaemum rugosum*** Salisb.
［***Ischaemum rugosum*** var. ***segetum***（Trin.）Hack.］

生境：路边、田边、沟边、低湿地、林下。

性状：多年生直立草本。

分布：兴宾区、忻城、上思、合浦、梧州。

饲用价值：优。幼嫩茎叶可作牛、羊、兔饲料。

李氏禾（六蕊假稻、蓉草）***Leersia hexandra*** Swartz

生境：低湿地。

性状：多年生草本。

分布：柳城、柳江区、鹿寨、融水、融安、三江、金城江区、罗城、宜州区、环江、东兰、巴马、凤山、南丹、天峨、兴安、全州、资源、龙胜、灵川、恭城、荔浦、平乐、灌阳、永福、田东、田阳区、平果、凌云、田林、西林、隆林、乐业、德保、南宁、马山、合浦、上思、浦北、灵山、兴宾区、武宣、象州、忻城、金秀、合山、桂平、平南、港北区、富川、八步区、容县、北流、龙州、天等、宁明等。

饲用价值：优。植株可作牛、马饲料，马特喜食。

假稻（水边草、粑壳草）***Leersia japonica***（Makino）Honda

生境：低湿地。

性状：多年生草本。

分布：兴宾区、钦州、天峨、宜州区、德保、西林。

饲用价值：优。植株可作牛、马优良饲料，马特喜食。

千金子 ***Leptochloa chinensis***（L.）Nees

生境：低湿地、田野。

性状：一年生草本。

分布：浦北、马山、田林、融水、东兰、凤山、河池、巴马、都安、环江。

饲用价值：优。植株可作牛饲料。

虮子草（细千金子）***Leptochloa panicea***（Retz.）Ohwi

生境：低湿地、田野。

性状：一年生草本。

分布：南宁。

饲用价值：优。植株可作牛饲料。

多花黑麦草 ***Lolium multiflorum*** Lam.

生境：栽培作物。

性状：一年生草本。

分布：桂林、梧州、柳州、钦州。

饲用价值：优。植株可作牛饲料。

淡竹叶（山鸡米）***Lophatherum gracile*** Brongn.

生境：山坡、林下、荫蔽处。

性状：多年生直立草本。

分布：柳城、柳江区、鹿寨、融水、融安、三江、金城江区、罗城、宜州区、环江、东兰、巴马、凤山、南丹、天峨、兴安、全州、资源、龙胜、灵川、恭城、荔浦、平乐、灌阳、永福、田东、田阳区、平果、凌云、田林、西林、隆林、乐业、德保、南宁、马山、合浦、北海、防城区、上思、浦北、灵山、钦州、兴宾区、武宣、象州、忻城、金秀、合山、桂平、平南、港北区、富川、八步区、梧州、容县、博白、北流、龙州、天等、宁明等。

饲用价值：良。幼嫩茎叶可作牛、羊饲料。

糖蜜草 ***Melinis minutiflora*** Beauv.

生境：栽培植物。

性状：多年生草本。

分布：南宁。

饲用价值：优。幼嫩茎叶可作牛饲料。

小草 ***Microchloa indica***（L. f.）Beauv.

生境：干旱草地。

性状：多年生草本。

分布：西林。

饲用价值：良。幼嫩茎叶可作牛饲料。

刚莠竹（二型莠竹）*Microstegium ciliatum*（Trin.）A. Camus（*Microstegium biforme* Keng）

生境：山坡、沟谷。

性状：多年生草本。矮小，簇生。叶丝状。

分布：柳城、柳江区、鹿寨、融水、融安、三江、金城江区、罗城、宜州区、环江、东兰、巴马、凤山、南丹、天峨、兴安、全州、资源、龙胜、灵川、恭城、荔浦、平乐、灌阳、永福、田东、田阳区、平果、凌云、田林、西林、隆林、乐业、德保、南宁、马山、合浦、上思、浦北、灵山、兴宾区、武宣、象州、忻城、金秀、合山、桂平、平南、港北区、富川、八步区、容县、博白、北流、天等、宁明等。

饲用价值：优。花期 9 ～ 10 月。幼嫩茎叶可作牛、羊饲料。

蔓生莠竹 *Microstegium fasciculatum*（Linn.）Henrard [*Microstegium vagans*（Nees ex Steud.）A. Camus]

生境：低海拔的林边和林下阴湿处。

性状：多年生草本。秆高达 1 m，多节。

分布：南宁、富川。

饲用价值：优。花期 8 ～ 10 月。幼嫩茎叶可作牛、羊饲料。

膝曲莠竹 *Microstegium geniculatum*（Hayata）Honda

生境：阴湿谷地、沟边。

性状：一年生匍匐草本。秆高达 1 m，直径约 1 mm，较细弱。

分布：合浦。

饲用价值：优。花期 9 ～ 11 月。幼嫩茎叶可作牛、羊饲料。

莠竹（柔枝莠竹）*Microstegium vimineum*（Trin）A. Camus [*Microstegium nodosum*（Kom.）Tzvel. ; *Microstegium vimineum* var. *imberbe*（Nees ex Steud.）Honda]

生境：低湿地。

性状：一年生草本。秆高 80 ～ 120 cm，节无毛，下部蔓生于地面。

分布：田林、隆林、西林、德保、田阳区、凌云、乐业、靖西、灵山、合浦、东兰。

饲用价值：优。幼嫩茎叶可作牛、羊饲料。

五节芒（芒秆、巴芒）*Miscanthus floridulus*（Lab.）Warb. ex Schum et Laut.

生境：山坡、山顶、林中、林边、沟谷。

性状：多年生草本。具发达根状茎。秆高大似竹，高 2 ～ 4 m，无毛。

分布：上思、钦州、隆安、灌阳、全州、荔浦、灵川、恭城、资源、桂平、平南、北流、梧州、合山、象州、兴宾区、武宣、忻城、金秀、鹿寨、融安、三江、融水、南丹、凤山、巴马、东兰、环江、金城江区、都安、天峨。

饲用价值：优。花期 5 ～ 10 月。幼嫩茎叶可作牛、羊饲料。秆可作造纸原料。根状茎利尿。

芒（芭茅、芭芒）***Miscanthus sinensis*** Anderss.

生境：山坡、林下。

性状：多年生高大草本。

分布：柳城、柳江区、鹿寨、融水、融安、三江、金城江区、罗城、宜州区、环江、东兰、巴马、凤山、南丹、天峨、都安、大化、兴安、全州、资源、龙胜、灵川、恭城、荔浦、平乐、灌阳、永福、田东、田阳区、平果、凌云、田林、西林、隆林、乐业、德保、南宁、马山、合浦、上思、浦北、灵山、兴宾区、武宣、象州、忻城、金秀、合山、桂平、平南、港北区、富川、八步区、容县、博白、北流、天等、宁明等。

饲用价值：优。花期 7 ～ 12 月。幼嫩茎叶可作牛、羊饲料。粗蛋白质含量约为 6%。茎纤维可作造纸原料等。芒茎、根、花可作药用。

假蛇尾草（假淡竹叶）***Mnesithea laevis***（Retzius）Kunth［***Thaumastochloa cochinchinensis***（Lour.）C. E. Hubb.］

生境：荒坡草地、田边、路边。

性状：多年生草本。

分布：天峨。

饲用价值：优。幼嫩茎叶可作牛饲料。

毛俭草 ***Mnesithea mollicoma***（Hance）A. Camus（***Rottboellia mollicoma*** Hance）

生境：山坡草地。

性状：多年生直立草本。

分布：兴宾区、浦北、梧州。

饲用价值：良。幼嫩茎叶可作牛、羊饲料。

山鸡谷草 ***Neohusnotia tonkinensis***（Balansa）A. Camus

生境：山坡灌木丛。

性状：多年生草本。

分布：浦北。

饲用价值：良。植株可作牛饲料。

类芦（石珍茅）*Neyraudia reynaudiana*（Kunth.）Keng

生境：山坡草地、石山、河边、路边。

性状：多年生高大草本。

分布：柳城、柳江区、鹿寨、融水、融安、三江、金城江区、罗城、宜州区、环江、东兰、巴马、凤山、南丹、天峨、都安、大化、兴安、全州、资源、龙胜、灵川、恭城、荔浦、平乐、灌阳、永福、田东、田阳区、平果、凌云、田林、隆林、乐业、德保、南宁、马山、合浦、上思、浦北、灵山、兴宾区、武宣、象州、忻城、金秀、合山、桂平、平南、港北区、富川、八步区、容县、北流、天等、宁明等。

饲用价值：优。嫩叶幼苗可作牛、羊饲料。

蛇尾草 *Ophiuros exaltatus*（L.）Kuntze
（*Rottboellia corymbosa* L. f.）

生境：山坡草地。

性状：多年生直立草本。

分布：南宁、扶绥、崇左、兴宾区、武宣、合浦、兴安、贵港、北流、德保。

饲用价值：优。幼嫩植株可作牛、羊饲料。

竹叶草（多穗缩箬）*Oplismenus compositus*（L.）Beauv.

生境：低湿地、林下、路边。

性状：一年生草本。

分布：南宁、荔浦、兴安、龙胜、北流、梧州、凤山、环江、都安、宜州区、天峨。

饲用价值：优。幼嫩茎叶可作猪、牛、羊、马饲料。

求米草（宿箬）*Oplismenus undulatifolius*（Ard.）Beauv.

生境：低湿地、林下。

性状：一年生匍匐草本。

分布：西林、东兰。

饲用价值：优。幼嫩茎叶可作牛、羊饲料。抽穗期鲜草粗蛋白质含量约为3.35%。

稻 *Oryza sativa* L.

生境：主要栽培农作物。

性状：一年生草本。

分布：贵港、南宁、兴宾区、武宣、金秀、融水。

饲用价值：优。全株可作牛饲料。

小花露籽草 ***Ottochloa nodosa*** (Kunth) Dandy var. ***micrantha*** (Balansa) Keng f.

生境：灌木丛、低湿地。

性状：多年生草本。

分布：浦北、宜州区。

饲用价值：优。幼嫩植株可作牛、马饲料。

糠稷 ***Panicum bisulcatum*** Thunb.

生境：水边、荒地潮湿处。

性状：一年生草本。

分布：北海、合浦、象州、河池、隆林、富川。

饲用价值：优。全株可作牛饲料。

短叶黍 ***Panicum brevifolium*** L.

生境：阴湿处、林下。

性状：一年生草本。

分布：南宁、都安。

饲用价值：优。幼嫩茎叶可作牛、羊、马饲料。

洋野黍（水生黍）***Panicum dichotomiflorum*** Michx.
(***Panicum paludosum*** Roxb.)

生境：静水、池边淤泥中。

性状：多年生草本。

分布：都安。

饲用价值：优。全株可作猪、牛饲料。

旱黍草（毛叶黍）***Panicum elegantissimum*** J. D. Hooker
(***Panicum trypheron*** Schult；***Panicum suishaense*** Hayata)

生境：山坡草地。

性状：多年生草本。

分布：防城区、上思。

饲用价值：优。幼嫩茎叶可作牛、羊饲料。

南亚黍（南亚稷）***Panicum humile*** Nees ex Steudel
(***Panicum walense*** Mez；***Panicum austroasiaticum*** Ohwi)

生境：山坡草地。

性状：一年生草本。

分布：都安、南宁。

饲用价值：优。幼嫩茎叶可作牛、羊饲料。

大罗湾草（大罗网草、纲脉稷）*Panicum luzonense* J. Presl（*Panicum cambogiense* Balansa）

生境：田间、林下。

性状：一年生草本。

分布：南宁。

饲用价值：优。花期 8 ～ 10 月。幼嫩茎叶可作牛、羊、马饲料。

大黍（坚尼草、羊草）*Panicum maximum* Jacq.

生境：栽培牧草。

性状：多年生草本。

分布：南宁。

饲用价值：优。牛、羊、马喜食全草。

心叶稷 *Panicum notatum* Retz.

生境：灌木丛、林边湿地。

性状：多年生直立草本。

分布：都安、天峨、富川。

饲用价值：良。幼嫩植株可作牛、羊、马饲料。

铺地黍（硬骨草、枯骨草、田基姜、竹篙草头）*Panicum repens* L.

生境：路边、田边、园地、荒地、坡地。

性状：多年生草本。

分布：柳城、柳江区、鹿寨、融水、融安、三江、金城江区、罗城、宜州区、环江、东兰、巴马、凤山、南丹、天峨、都安、大化、兴安、全州、资源、龙胜、灵川、恭城、荔浦、平乐、灌阳、永福、田东、田阳区、平果、凌云、田林、隆林、乐业、德保、南宁、马山、合浦、上思、浦北、灵山、兴宾区、武宣、象州、忻城、金秀、合山、桂平、平南、港北区、富川、八步区、容县、北流、龙州、天等、宁明等。

饲用价值：优。全草可作牛、羊饲料。

细柄黍 ***Panicum sumatrense*** Roth ex Roemer & Schultes
（***Panicum psilopodium*** Trin.）

生境：河边、河谷、路边、丘陵灌木丛、林边湿地。

性状：一年生簇生或单生草本。秆直立或基部稍膝曲，高 20 ～ 60 cm。

分布：南宁。

饲用价值：良。花期 7 ～ 10 月。幼嫩植株可作牛、羊、马饲料。

柳枝稷 ***Panicum virgatum*** L.

生境：栽培牧草。

性状：多年生草本。

分布：南宁。

饲用价值：优。幼嫩植株可作牛饲料。

两耳草（叉仔草）***Paspalum conjugatum*** Berg.

生境：低湿地。

性状：多年生草本。

分布：柳城、柳江区、鹿寨、融水、融安、三江、金城江区、罗城、宜州区、环江、东兰、巴马、凤山、南丹、天峨、都安、大化、兴安、全州、资源、龙胜、灵川、恭城、荔浦、平乐、灌阳、永福、田东、田阳区、平果、凌云、田林、西林、隆林、乐业、德保、南宁、马山、合浦、上思、浦北、灵山、兴宾区、武宣、象州、忻城、金秀、合山、桂平、平南、港北区、富川、八步区、容县、博白、北流、龙州、天等、宁明等。

饲用价值：优。牛、羊、马喜食全草。

双穗雀稗 ***Paspalum distichum*** L.
[***Paspalum paspalodes***（Michx.）Scribn.]

生境：山坡草地、低湿地、水边。

性状：多年生草本。

分布：柳城、柳江区、鹿寨、融水、融安、三江、金城江区、罗城、宜州区、环江、东兰、巴马、凤山、南丹、天峨、都安、大化、兴安、全州、资源、龙胜、灵川、恭城、荔浦、平乐、灌阳、永福、田东、田阳区、平果、凌云、田林、西林、隆林、乐业、德保、南宁、马山、合浦、上思、浦北、灵山、北海、兴宾区、武宣、象州、忻城、金秀、合山、桂平、平南、港北区、富川、八步区、容县、北流、龙州、天等、宁明等。

饲用价值：优。全株可作牛、羊、马饲料。

长叶雀稗 *Paspalum longifolium* Roxb.

生境：山坡草地、路边、低湿地。

性状：多年生草本。

分布：灌阳、环江、南宁。

饲用价值：优。全株可作牛、羊饲料。

百喜草（巴哈雀稗、标志雀稗）*Paspalum notatum* Flugge

生境：栽培牧草。

性状：多年生草本。

分布：桂林。

饲用价值：优。幼嫩茎叶可作牛饲料。

皱稃雀稗（棕籽雀稗）*Paspalum plicatulum* Michx.

生境：栽培牧草。

性状：多年生草本。

分布：南宁。

饲用价值：优。牛、羊采食全草。

鸭乸草 *Paspalum scrobiculatum* L.

生境：低湿地。

性状：多年生草本。

分布：贵港、象州、兴宾区、金秀、鹿寨、融水。

饲用价值：优。茎叶可作牛、羊饲料。

圆果雀稗 *Paspalum scrobiculatum* var. *orbiculare*（G. Forster）Hackel（*Paspalum orbiculare* Forst.；*Paspalum thunbergii* var. *minus* Makino）

生境：荒山、耕地、田边、庭园边、路边。

性状：多年生草本。

分布：柳城、柳江区、鹿寨、融水、融安、三江、金城江区、罗城、宜州区、环江、东兰、巴马、凤山、南丹、天峨、都安、大化、兴安、全州、资源、龙胜、灵川、恭城、荔浦、平乐、灌阳、永福、田东、田阳区、平果、凌云、田林、隆林、乐业、德保、南宁、马山、合浦、上思、浦北、灵山、兴宾区、武宣、象州、忻城、金秀、合山、桂平、平南、港北区、富川、八步区、容县、北流、龙州、天等、宁明等。

饲用价值：优。全株可作牛饲料。鲜草干物质中粗蛋白质含量约为 8.1%。

雀稗 *Paspalum thunbergii* Kunth ex Steud.

生境：山坡草地、低湿地。

性状：多年生草本。

分布：柳城、柳江区、鹿寨、融水、融安、三江、金城江区、罗城、宜州区、环江、东兰、巴马、凤山、南丹、天峨、都安、大化、兴安、全州、资源、龙胜、灵川、恭城、荔浦、平乐、灌阳、永福、田东、田阳区、平果、凌云、田林、隆林、乐业、德保、南宁、马山、合浦、上思、浦北、灵山、兴宾区、武宣、象州、忻城、金秀、合山、桂平、平南、港北区、富川、八步区、容县、博白、北流、龙州、天等、宁明等。

饲用价值：优。全株可作牛饲料。

丝毛雀稗（宜安草、小花毛花雀稗）*Paspalum urvillei* Steud.

生境：栽培牧草。

性状：多年生草本。

分布：南宁。

饲用价值：优。幼嫩茎叶可作牛饲料。

宽叶雀稗 *Paspalum wetsfeteini* Hackel.

生境：栽培牧草。

性状：多年生草本。

分布：南宁、柳州、桂林、百色。

饲用价值：优。全株可作牛饲料。

狼尾草（茛草）*Pennisetum alopecuroides*（L.）Spreng.

生境：山坡、田边、路边。

性状：多年生草本。

分布：柳城、柳江区、鹿寨、融水、融安、三江、金城江区、罗城、宜州区、环江、东兰、巴马、凤山、南丹、天峨、都安、大化、兴安、全州、资源、龙胜、灵川、恭城、荔浦、平乐、灌阳、永福、田东、田阳区、平果、凌云、田林、隆林、乐业、德保、南宁、马山、合浦、上思、浦北、灵山、兴宾区、武宣、象州、忻城、金秀、合山、桂平、平南、港北区、富川、八步区、容县、北流、龙州、天等、宁明等。

饲用价值：优。幼嫩植株可作牛、羊饲料。

象草 *Pennisetum purpureum* Schum.

生境：栽培牧草。栽培品种主要有华南象草、桂牧一号杂交象草、矮象草、紫色象草、桂闽引象草、杂交狼尾草、王草等，是广西乃至整个华南地区的当家品种。

性状：多年生高大草本。

分布：南宁、上思、贵港、武宣、象州、来宾、融安、融水、宜州区。

饲用价值：优。幼嫩植株可作畜禽及鱼饲料。

黍束尾草（锥茅）***Phacelurus zea***（C. B. Clarke）Clayton
［***Thyrsia thyrosoidea***（Hack.）A. Camus；***Thyrsia zea***（Clarke）Stapf］

生境：山坡草地。

性状：多年生高大草本。

分布：兴宾区、环江、宜州区。

饲用价值：良。幼嫩茎叶可作牛饲料。

显子草 ***Phaenosperma globosa*** Munro ex Benth.

生境：山坡、林下、山谷河边、路边草丛。

性状：多年生草本。

分布：全州。

饲用价值：良。花果期 5 ～ 9 月。嫩叶幼苗可作牛、羊饲料。

芦苇 ***Phragmites australis***（Cav.）Trin. ex Steud.
（***Phragmites communis*** Trin.）

生境：低湿地、水边。

性状：多年生高大草本。

分布：柳城、柳江区、鹿寨、融水、融安、三江、金城江区、罗城、宜州区、环江、东兰、巴马、凤山、南丹、天峨、大化、兴安、全州、资源、龙胜、灵川、恭城、荔浦、平乐、灌阳、永福、田东、田阳区、平果、凌云、田林、隆林、乐业、德保、南宁、马山、合浦、上思、浦北、灵山、兴宾区、武宣、象州、忻城、金秀、合山、桂平、平南、港北区、富川、八步区、容县、北流、天等、宁明等。

饲用价值：优。嫩叶幼苗可作牛、羊饲料。

卡开芦（过江芦荻、水芦荻、大芦）***Phragmites karka***（Retz.）Trin.

生境：池沼、河边、湖边、干旱沙丘。

性状：多年生高大草本。

分布：梧州、兴宾区、天峨。

饲用价值：优。幼嫩茎叶可作牛、羊饲料。

白顶早熟禾 ***Poa acroleuca*** Steud.

生境：沟边、阴湿处。

性状：一年生或二年生草本。

分布：融水、兴安、龙胜、环江。

饲用价值：优。幼嫩植株可作牛饲料。

早熟禾 ***Poa annua*** L.

生境：草地、路边、阴湿处。

性状：一年生或二年生草本。

分布：那坡、梧州、环江。

饲用价值：优。全草可作牛、羊饲料。

硬质早熟禾 ***Poa sphondylodes*** Trin.

生境：草地、路边、山坡。

性状：多年生草本。

分布：全州、鹿寨、融安。

饲用价值：良。全草可作牛、羊饲料。

金丝草 ***Pogonatherum crinitum***（Thunb.）Kunth

生境：湿润山坡、河边、石缝中。

性状：多年生短小草本。

分布：环江、融水。

饲用价值：中。幼嫩植株可作牛、羊饲料。

金发草（竹篙草）***Pogonatherum paniceum***（Lam.）Hack.

生境：湿润山坡、河边、石缝中。

性状：多年生矮小草本。

分布：兴宾区、融水。

饲用价值：中。幼嫩植株可作牛、羊饲料。

棒头草 ***Polypogon fugax*** Nees ex Steud.

生境：潮湿沙地、河谷湿地、路边。

性状：一年生草本。秆丛生，基部膝曲，高 10 ～ 75 cm。

分布：全州。

饲用价值：中。幼嫩植株可作牛、羊饲料。

多裔草 ***Polytoca digitata***（L. f.）Druce

生境：山坡草地。

性状：多年生直立草本。

分布：南宁、兴宾区、天峨。

饲用价值：优。幼嫩植株可作牛、羊、马饲料。

中华笔草 ***Pseudopogonatherum contortum*** var. ***sinense***（Keng ex S. L. Chen）Keng et S. L. Chen

［***Eulalia contorta***（Brongn.）Ktze. var. ***sinensis*** Keng］

生境：山坡草地。

性状：一年生草本。

分布：南宁、兴宾区。

饲用价值：良。幼嫩植株可作牛饲料。

刺叶假金发草（刺叶金茅）***Pseudopogonatherum koretrostachys***（Trinius）Henrard

［***Pseudopogonatherum setifolium***（Nees）A. Camus；***Eulalia setifolia***（Nees）Pilg.］

生境：山坡草地、林下。

性状：一年生直立草本。

分布：南宁、灌阳、都安。

饲用价值：良。幼嫩茎叶可作牛饲料。

毛叶纤毛草 ***Roegneria ciliaris***（Trin.）Nevski var. ***lasiophylla***（Kitag.）Kitag.

生境：山坡草地、路边。

性状：多年生草本。秆单生或成疏丛，直立。

分布：兴安。

饲用价值：优。幼嫩时全株可作牛饲料。成熟时有硬毛，不宜食用。

筒轴茅（罗氏草）***Rottboellia cochinchinensis***（Lour.）Clayton

（***Rottboellia exaltata*** L. f.）

生境：荒山、荒地、耕地、路边。

性状：一年生直立草本。

分布：南宁、马山、环江、灌阳、恭城、江州区、西林、田阳区、凌云、象州、武宣、融水、凤山、巴马、金城江区。

饲用价值：优。幼嫩植株可作牛、羊饲料。

斑茅（大密）***Saccharum arundinaceum*** Retz.

生境：山坡草地、河边和溪涧边草地。

性状：多年生高大草本。

分布：柳城、柳江区、鹿寨、融水、融安、三江、金城江区、罗城、宜州区、环江、东兰、巴马、凤山、南丹、天峨、都安、大化、兴安、全州、资源、龙胜、灵川、恭城、荔浦、平乐、灌阳、永福、田东、田阳区、平果、凌云、田林、西林、隆林、乐业、德保、南宁、马山、合浦、上思、浦北、灵山、兴宾区、武宣、象州、忻城、金秀、合山、桂平、平南、港北区、富川、八步区、梧州、容县、博白、北流、龙州、天等、宁明等。

饲用价值：良。幼嫩植株可作牛、羊、马饲料，水牛也喜食。

金猫尾（黄茅草）***Saccharum fallax*** Balansa [***Narenga fallax***（Balansa）Bor]

生境：山坡草地。

性状：多年生高大草本。

分布：江州区、西林、靖西。

饲用价值：中。幼嫩茎叶可作牛、羊饲料。

河八王（草鞋密）***Saccharum narenga***（Nees ex Steudel）Wallich ex Hackel [***Narenga porphyrocoma***（Hance）Bor]

生境：山坡草地、河边。

性状：多年生高大草本。

分布：南宁、兴宾区、宁明、左江区、西林、上思、凤山、环江、宜州区。

饲用价值：中。幼嫩茎叶可作牛、羊饲料。

甘蔗 ***Saccharum officinarum*** Linn.

生境：主要栽培农作物。

性状：多年生直立草本。

分布：南宁、马山、崇左、贵港、武宣。

饲用价值：良。嫩叶叶梢可作牛饲料。

竹蔗 ***Saccharum sinense*** Roxb.

生境：主要栽培农作物。

性状：多年生直立草本。

分布：南宁。

饲用价值：良。嫩叶叶梢可作牛饲料。

甜根子草（割手密）***Saccharum spontaneum*** L.

生境：河边、沟边等低湿地。

性状：多年生草本。

分布：柳城、柳江区、鹿寨、融水、融安、三江、金城江区、罗城、宜州区、环江、东兰、巴马、凤山、南丹、天峨、都安、大化、兴安、全州、资源、龙胜、灵川、恭城、荔浦、平乐、灌阳、永福、田东、田阳区、平果、凌云、田林、隆林、乐业、德保、南宁、马山、合浦、上思、浦北、灵山、兴宾区、武宣、象州、忻城、金秀、合山、桂平、平南、港北区、富川、八步区、容县、北流、龙州、天等、宁明等。

饲用价值：中。幼嫩时可作牛、羊饲料。粗蛋白质含量约为6%。

囊颖草（滑草、鼠尾黍）***Sacciolepis indica***（L.）A. Chase
[***Sacciolepis indica*** var. ***angusta***（Trin.）Keng]

生境：低湿地、稻田。

性状：一年生草本。

分布：南宁、兴宾区、灌阳、天峨。

饲用价值：优。植株多作牛饲料。

鼠尾囊颖草 ***Sacciolepis myosuroides***（R. Br.）A. Chase ex E. G. Camus et A. Camus
[***Sacciolepis myosuroides*** var. ***spiciformis***（Hochst. ex A. J. Richards）Engl.]

生境：低湿地、稻田。

性状：一年生草本。

分布：天峨、南宁、灵山、兴宾区。

饲用价值：优。植株可作牛、羊饲料。

裂稃草（短叶裂稃草、牛草）***Schizachyrium brevifolium***（Sw.）Nees ex Buse

生境：山坡草地。

性状：一年生草本。

分布：南宁、兴宾区、武宣、金秀、三江、融安、凤山、南丹、东兰、巴马、环江、天峨。

饲用价值：良。全株可作牛、羊饲料。

红裂稃草 ***Schizachyrium sanguineum***（Retz.）Alston

生境：山坡草地。
性状：多年生草本。
分布：南宁、环江、兴宾区、扶绥。
饲用价值：优。幼嫩植株可作牛饲料。

大狗尾草 ***Setaria faberi*** R. A. W. Herrmann（***Setaria faberii*** Herrm.）

生境：山坡、山谷、路边、沟边。
性状：一年生草本。秆直立或基部膝曲，光滑无毛。
分布：龙胜、全州。
饲用价值：优。全株可作牛饲料。

西南莩草（福勃狗尾草）***Setaria forbesiana***（Nees）Hook. f.

生境：山坡、山谷、路边、沟边。
性状：多年生草本。秆直立或基部膝曲，光滑无毛，高 60 ～ 170 cm，茎硬。
分布：富川。
饲用价值：优。花期 7 ～ 10 月。全株可作牛饲料。

莠狗尾草 ***Setaria geniculata***（Lam.）Beauv.

生境：山坡、荒地、耕地、路边。
性状：一年生草本。
分布：柳城、柳江区、鹿寨、融水、融安、三江、金城江区、罗城、宜州区、环江、东兰、巴马、凤山、南丹、天峨、都安、大化、兴安、全州、资源、龙胜、灵川、恭城、荔浦、平乐、灌阳、永福、田东、田阳区、平果、凌云、田林、西林、隆林、乐业、德保、南宁、马山、合浦、上思、浦北、灵山、兴宾区、武宣、象州、忻城、金秀、合山、桂平、平南、港北区、富川、八步区、容县、博白、北流、龙州、天等、宁明等。
饲用价值：优。全株可作牛饲料。

棕叶狗尾草（棕叶草）***Setaria palmifolia***（Koen.）Stapf（***Panicum palmifolium*** J. König）

生境：山坡、山谷。
性状：多年生草本。

分布：环江、恭城、灌阳、兴安、灵川、富川。

饲用价值：良。幼嫩植株可作牛、羊饲料。

皱叶狗尾草（风打草）*Setaria plicata*（Lam.）T. Cooke

［*Panicum plicatum* Lam.；*Setaria excurrens*（Trin.）Miq.］

生境：山坡、林下、阴湿处。

性状：多年生草本。

分布：南宁、环江、都安、东兰、巴马、天峨、隆林。

饲用价值：良。幼嫩植株可作牛、羊饲料。

金色狗尾草（黄狗尾草、金狗尾草）*Setaria pumila*（Poiret）Roemer & Schultes

［*Setaria glauca*（L.）Beauv.；*Setaria lutescens*（Weig.）F. T. Hubb.］

生境：山坡、荒地、耕地、路边。

性状：一年生草本。

分布：柳城、柳江区、鹿寨、融水、融安、三江、金城江区、罗城、宜州区、环江、东兰、巴马、凤山、南丹、天峨、都安、大化、兴安、全州、资源、龙胜、灵川、恭城、荔浦、平乐、灌阳、永福、田东、田阳区、平果、凌云、田林、西林、隆林、乐业、德保、南宁、马山、合浦、上思、浦北、灵山、兴宾区、武宣、象州、忻城、金秀、合山、桂平、平南、港北区、富川、八步区、容县、北流、龙州、天等、宁明等。

饲用价值：优。全株可作牛、羊饲料。

卡松古鲁狗尾草 *Setaria sphacelata*（Schumach）Stapf et C. E. Hubb. cv. Kazungula

（*Setaria anceps* Stapf cv. Kazungula）

生境：栽培牧草。

性状：多年生草本。

分布：南宁。

饲用价值：优。植株可作牛、羊饲料。

南迪狗尾草 *Setaria sphacelata* Stapf et C. E. Hubb. cv. Nandi

（*Setaria anceps* Stapf cv. Nandi）

生境：栽培牧草。

性状：多年生草本。

分布：南宁。

饲用价值：优。植株可作牛、羊饲料。

纳罗克狗尾草 ***Setaria sphacelata*** Stapf et C. E. Hubb. cv. Narok（***Setaria anceps*** Stapf cv. Narok）

生境：栽培牧草。

性状：多年生草本。

分布：南宁。

饲用价值：优。植株可作牛、羊饲料。

狗尾草（谷莠子、莠）***Setaria viridis***（L.）Beauv.

生境：荒山、荒地、耕地、路边。

性状：一年生草本。

分布：柳城、柳江区、鹿寨、融水、融安、三江、金城江区、罗城、宜州区、环江、东兰、巴马、凤山、南丹、天峨、都安、大化、兴安、全州、资源、龙胜、灵川、恭城、荔浦、平乐、灌阳、永福、田东、田阳区、平果、凌云、田林、西林、隆林、乐业、德保、南宁、马山、合浦、上思、浦北、灵山、兴宾区、武宣、象州、忻城、金秀、合山、桂平、平南、港北区、富川、八步区、容县、博白、北流、龙州、天等、宁明等。

饲用价值：优。全株可作牛、羊饲料。抽穗期鲜草干物质中粗蛋白质含量约为7.6%。

高粱（蜀黍）***Sorghum bicolor***（L.）Moench（***Sorghum vulgare*** Persoon）

生境：主要栽培农作物。

性状：一年生直立草本。

分布：南宁、武宣、都安。

饲用价值：优。幼嫩植株可作牛饲料。本植物含有氢氰酸，使用时请注意。

光高粱（草蜀黍）***Sorghum nitidum***（Vahl）Pers.

生境：山坡、林下。

性状：多年生直立草本。

分布：南宁、兴宾区、合山、富川、鹿寨。

饲用价值：优。幼嫩植株可作牛、羊饲料。

拟高粱 ***Sorghum propinquum***（Kunth）Hitchc.

生境：河边、湿地。

性状：多年生直立草本。

分布：南宁、兴安。
饲用价值：优。全株可作牛饲料。

大米草 *Spartina anglica* Hubb.

生境：海滩、河滩。
性状：多年生草本。
分布：合浦、防城区。
饲用价值：良。幼嫩茎叶可作牛饲料。

竹油芒 *Spodiopogon bambusoides*（P. C. Keng）S. M. Phillips & S. L. Chen

生境：山坡、山谷。
性状：多年生草本。
分布：八步区、富川。
饲用价值：良。幼嫩植株可作牛饲料。

油芒（山高粱）*Spodiopogon cotulifer*（Thunb.）Hack. [*Eccoilopus cotulifer*（Thunb.）A. Camus]

生境：山坡、山谷、草地、荒地。
性状：多年生直立草本。
分布：浦北。
饲用价值：良。幼嫩植株可作牛饲料。

大油芒（大荻、山黄菅）*Spodiopogon sibiricus* Trin.

生境：山坡、路边、林下。
性状：多年生草本。
分布：宜州区。
饲用价值：良。幼嫩茎叶可作牛、马饲料。

双蕊鼠尾粟 *Sporobolus diandrus*（Retz.）P. Beauv.

生境：山坡、路边、荒地。
性状：多年生草本。
分布：灵山、合浦。
饲用价值：良。幼嫩植株可作牛饲料。

鼠尾粟（钩耜草、牛尾草）*Sporobolus fertilis*（Steud.）W. D. Glayt.

生境：荒山、荒地、路边。

性状：多年生草本。

分布：柳城、柳江区、鹿寨、融水、融安、三江、金城江区、罗城、宜州区、环江、东兰、巴马、凤山、南丹、天峨、都安、大化、兴安、全州、资源、龙胜、灵川、恭城、荔浦、平乐、灌阳、永福、田东、田阳区、平果、凌云、田林、隆林、乐业、德保、南宁、马山、合浦、上思、浦北、灵山、兴宾区、武宣、象州、忻城、金秀、合山、桂平、平南、港北区、富川、八步区、容县、北流、龙州、天等、宁明等。

饲用价值：优。幼嫩植株可作牛饲料。

钝叶草（苡米草）*Stenotaphrum helferi* Munro ex Hook. f.

生境：阴湿处。

性状：多年生草本。

分布：桂平、武宣。

饲用价值：优。肥厚柔嫩茎叶可作牛饲料。

苞子草 *Themeda caudata*（Nees）A. Camus
［*Themeda gigantea* subsp. *caudata*（Nees）Hack.；*Anthistiria caudata* Nees］

生境：山坡草地、河边。

性状：多年生高大草本。

分布：柳城、柳江区、鹿寨、融水、融安、三江、金城江区、罗城、宜州区、环江、东兰、巴马、凤山、南丹、天峨、都安、大化、兴安、灵川、恭城、荔浦、平乐、灌阳、永福、田东、田阳区、平果、凌云、田林、西林、隆林、乐业、德保、南宁、马山、合浦、上思、浦北、灵山、兴宾区、武宣、象州、忻城、合山、桂平、平南、港北区、富川、八步区、容县、博白、北流、龙州、天等、宁明等。

饲用价值：良。幼嫩茎叶可作牛、羊、马饲料。

黄背草（黄背茅、箭毛草）*Themeda triandra* Forsk.
［*Themeda japonica*（Willd.）Tanaka；*Themeda triandra* var. *japonica*（Willd.）Makino］

生境：干燥山坡、林下。

性状：多年生草本。

分布：柳城、柳江区、鹿寨、融水、融安、三江、金城江区、罗城、宜州区、环江、东兰、巴马、凤山、南丹、天峨、都安、大化、兴安、灵川、恭城、荔浦、平乐、灌阳、永福、田东、田阳区、平果、凌云、田林、西林、隆林、乐业、德保、南宁、马山、合浦、上思、浦北、灵山、兴宾区、武宣、象州、忻城、合山、桂平、平南、港北区、富川、八步区、容县、博白、北流、龙州、天等、宁明等。

饲用价值：优。幼嫩植株可作牛、羊、马饲料。

菅 ***Themeda villosa***（Poir.）A. Camus
[***Themeda gigantea*** Hack. subsp. ***villosa***（Poir.）Hack.]

生境：山坡、河沟边。

性状：多年生高大草本。

分布：柳城、柳江区、鹿寨、融水、融安、三江、金城江区、罗城、宜州区、环江、东兰、巴马、凤山、南丹、天峨、都安、大化、兴安、灵川、恭城、荔浦、平乐、灌阳、永福、田东、田阳区、平果、凌云、田林、西林、隆林、乐业、德保、南宁、马山、合浦、上思、浦北、灵山、兴宾区、武宣、象州、忻城、合山、桂平、平南、港北区、富川、八步区、容县、博白、北流、天等、宁明等。

饲用价值：良。幼嫩茎叶可作牛、羊、马饲料。

粽叶芦（莽草）***Thysanolaena latifolia***（Roxburgh ex Hornemann）Honda
[***Thysanolaena maxima***（Roxb.）Kuntze]

生境：灌木丛、山坡、山谷。

性状：多年生直立草本。

分布：兴宾区、上思、那坡、东兰、凤山、巴马、天峨、宁明、恭城。

饲用价值：低。幼嫩植株可作牛饲料。

摩擦草（危地马拉草、磨擦草）***Tripsacum laxum*** Nash

生境：栽培牧草。

性状：多年生草本。

分布：南宁。

饲用价值：中。幼嫩植株可作牛饲料。

三毛草（蟹钩草）***Trisetum bifidum***（Thunb.）Ohwi

生境：林荫处、潮湿草地。

性状：多年生草本。

分布：龙州。

饲用价值：中。幼嫩植株可作牛饲料。

小麦 ***Triticum aestivum*** L.

生境：栽培牧草。

性状：一年生草本。

分布：河池、玉林、桂林。

饲用价值：优。全株可作牛饲料。

尾稃草（匍匐臂形草）***Urochloa reptans***（L.）Stapf
[***Brachiaria reptans***（L.）Gard. et Hubb.]

生境：荒地、草地、田地。

性状：一年生草本。

分布：浦北、南宁。

饲用价值：优。牛、羊喜食全草。

玉米（玉蜀黍、包谷）***Zea mays*** L.

生境：栽培牧草。

性状：一年生草本。

分布：南宁、河池、武宣。

饲用价值：优。幼嫩茎叶可作牛饲料。

菰（茭白、茭笋）***Zizania latifolia***（Griseb.）Stapf
[***Zizania caduciflora***（Turcz. ex Trin.）Hand.-Mazz.；***Zizania dahurica*** Steud.；***Hydropyrum latifolium*** Griseb.]

生境：栽培水生蔬菜作物。

性状：多年生水生草本。

分布：兴宾区、富川、宜州区。

饲用价值：良。幼嫩茎叶可作牛饲料。

沟叶结缕草 ***Zoysia matrella***（L.）Merr.

生境：河边沙地。

性状：多年生草本。

分布：南宁、上思。

饲用价值：良。幼嫩植株可作牛饲料。

细叶结缕草 ***Zoysia tenuifolia*** Willd. ex Trin.

生境：庭园草坪栽培作物。

性状: 多年生草本。耐湿，耐旱，喜温暖气候。
分布: 南宁。
饲用价值: 良。主要用作草坪绿化植物。幼嫩植株可作牛饲料。

竹亚科 Bambusoideae

箬竹（箸竹）*Indocalamus tessellatus*（Munro）Keng f.

生境: 低丘山坡。
性状: 多年生灌木状草本。
分布: 钦州。
饲用价值: 低。山羊采食幼嫩茎叶，竹鼠喜食全株。

人面竹（吴竹、布袋竹、八面竹）*Phyllostachys aurea* Carr. ex A. et C. Riv.［*Phyllostachys bambusoides* S. et Z. var. *aurea*（Carr. ex Riv.）Mak.］

生境: 山谷阴湿处。常栽培于庭园。
性状: 多年生灌木状草本。
分布: 兴宾区。
饲用价值: 低。山羊采食幼嫩茎叶，竹鼠喜食全株。

桂竹（箭竹、刚竹）*Phyllostachys bambusoides* Sieb. et Zucc.

生境: 低丘山坡、山谷。
性状: 多年生灌木状草本。
分布: 平乐、靖西、那坡。
饲用价值: 低。山羊采食幼嫩茎叶，竹鼠喜食全株。

金竹（黄金竹、黄皮竹、黄竿）*Phyllostachys sulphurea*（Carr.）A. et C. Riv.

生境: 低丘山坡、山谷。
性状: 多年生灌木状草本。
分布: 灵川。
饲用价值: 低。山羊采食嫩叶，竹鼠喜食全株。

苦竹（伞柄竹）*Pleioblastus amarus*（Keng）Keng f.

生境: 向阳山坡、山谷平地。
性状: 多年生灌木状草本。
分布: 江州区、田东。

饲用价值：低。山羊采食幼嫩茎叶，竹鼠喜食全株。

豆 科 Leguminosae

相思子（相思藤、红豆、鸡眼子）***Abrus precatorius*** L.

生境：疏林、灌木丛。
性状：多年生缠绕藤本。
分布：忻城。
饲用价值：劣。根、叶、种子有毒。种子毒性剧烈。

广州相思子（鸡骨草）***Abrus pulchellus*** subsp. ***cantoniensis***（Hance）Verdcourt（***Abrus cantoniensis*** Hance）

生境：山坡草地、山谷。
性状：多年生矮小藤本。
分布：南宁、兴宾区、忻城、兴安、田林。
饲用价值：低。种子有剧毒。

藤金合欢 ***Acacia concinna***（Willd.）DC. [***Acacia sinuata***（Lour.）Merr.]

生境：山坡草地、路边。
性状：多年生矮小藤本。
分布：融水。
饲用价值：低。幼嫩茎叶可作羊饲料。

台湾相思 ***Acacia confusa*** Merr.

生境：栽培树种。
性状：乔木。
分布：北海。
饲用价值：低。幼嫩茎叶可作羊饲料。

顶果树（格郎央、树顶豆）***Acrocarpus fraxinifolius*** Wight ex Arn.

生境：山坡、疏林。
性状：云实亚科（也称苏木亚科）乔木。

分布：南宁、龙州、宁明、巴马、凤山、都安、德保、田林、那坡、田东、田阳区等。
饲用价值：良。叶和幼枝可作牛、羊饲料。

敏感合萌（美洲合萌）*Aeschynomene americana* L.

生境：栽培牧草。
性状：一年生半灌木状草本。
分布：南宁。
饲用价值：优。植株可作家畜饲料，兔子特喜食。

合萌（田皂角、水杨葵、梗通草）*Aeschynomene indica* L.

生境：荒地、沟边、田边。
性状：一年生半灌木状草本。
分布：兴宾区、金秀、那坡。
饲用价值：中。幼嫩植株可作牛、羊饲料。

合欢（绒花树、马缨花）*Albizia julibrissin* Durazz.

生境：山谷、菜地。
性状：乔木。
分布：南宁、巴马。
饲用价值：中。幼嫩茎叶可作牛、羊饲料。嫩叶煮熟浸泡后可作猪饲料。

山槐（山合欢、白合欢、马缨花、白缨）*Albizia kalkora*（Roxb.）Prain

生境：溪边、路边、山坡。
性状：乔木。
分布：龙胜。
饲用价值：中。幼嫩茎叶可作牛、羊饲料。

阔荚合欢（大叶合欢）*Albizia lebbeck*（L.）Benth.

生境：山坡、山谷、路边、潮湿岩石缝中。
性状：落叶乔木。开球状黄花。
分布：南宁、田阳区、兴宾区。
饲用价值：良。幼嫩茎叶、嫩荚可作家畜饲料。

链荚豆（异叶链荚豆、假花生）*Alysicarpus vaginalis*（Linnaeus）Candolle

生境： 山坡荒地、空旷草地。
性状： 多年生草本。
分布： 南宁、扶绥、荔浦、浦北、北流。
饲用价值： 优。幼嫩茎叶可作牛饲料。

落花生（花生、地豆）*Arachis hypogaea* L.

生境： 栽培农作物。
性状： 一年生草本。
分布： 南宁、武宣。
饲用价值： 优。全株可作猪、牛、羊饲料。

遍地黄金（满地黄金、饲料花生、平托落花生）*Arachis pintoi* Krapov. et W. C. Greg.

生境： 栽培植物。
性状： 多年生草本。草层高 20 cm。
分布： 南宁。
饲用价值： 优。全株可作猪、牛、羊饲料。

草木犀状黄耆（草木樨状黄芪、苦豆根）*Astragalus melilotoides* Pall.

生境： 山坡、沟边、河床、沙地、草坡。
性状： 多年生草本。
分布： 南丹、全州。
饲用价值： 中。植株可作牛、羊饲料。

紫云英（红花草）*Astragalus sinicus* L.

生境： 栽培绿肥作物。
性状： 一年生草本。
分布： 南宁、贵港、武宣、三江。
饲用价值： 良。植株可作牛饲料。

白花羊蹄甲 *Bauhinia acuminata* L.

生境： 栽培绿化树种。
性状： 小乔木或灌木。小枝“之”字曲折，无毛。

分布：南宁、西林、隆林、田林、右江区、田阳区、田东、平果。

饲用价值：良。花期 3 ～ 6 月。幼嫩茎叶可作牛、羊饲料。

红花羊蹄甲 ***Bauhinia* × *blakeana*** Dunn

生境：栽培绿化树种。

性状：小乔木或灌木。小枝“之”字曲折，无毛。

分布：南宁、西林、隆林、田林、右江区、田阳区、田东、平果。

饲用价值：良。花期 3 ～ 6 月。幼嫩茎叶可作牛、羊饲料。

龙须藤（九龙藤、羊蹄藤、钩藤）***Bauhinia championii***（Benth.）Benth.

生境：林中、灌木丛。

性状：藤本。

分布：鹿寨、融安、柳城、柳江区、浦北、马山、兴安、灵川、武宣、宜州区、河池、凤山、都安。

饲用价值：中。幼嫩茎叶可作山羊饲料。

首冠藤（深裂叶羊蹄甲）***Bauhinia corymbosa*** Roxb. ex DC.

生境：林边、路边。

性状：小乔木。

分布：都安。

饲用价值：良。嫩叶可作牛、羊饲料。

云实 ***Caesalpinia decapetala***（Roth）Alston

［***Caesalpinia sepiaria*** Roxb.；***Caesalpinia decapetala*** var. ***japonica***（Sieb. et Zucc.）H. Ohashi］

生境：山坡、林中、岩石边、灌木丛、山沟、溪边、路边。

性状：有刺藤本。树皮暗红色。

分布：环江、富川。

饲用价值：中。花期 4 ～ 10 月。幼嫩茎叶可作牛、羊饲料。老植株刺锋利，对动物不利。

小叶云实 ***Caesalpinia millettii*** Hook. et Arn.

生境：山坡、林中、灌木丛、山脚、山沟、溪边、路边。

性状：有刺藤本。

分布：金秀。

饲用价值：中。花期 8 ～ 9 月。幼嫩茎叶可作牛、羊饲料。老植株刺锋利，对动物不利。

喙荚云实（南蛇簕）***Caesalpinia minax*** Hance

生境：山坡、林中、灌木丛、山沟、溪边、路边。

性状：有刺藤本。

分布：鹿寨、柳城、柳江区、宜州区、河池、兴安、兴宾区。

饲用价值：中。幼嫩茎叶可作牛、羊饲料。老植株刺锋利，对动物不利。

苏木 ***Caesalpinia sappan*** L.

生境：山坡、林中。

性状：灌木或小乔木。

分布：田东、天等、防城区。

饲用价值：低。主要为造林先锋树种。幼嫩茎叶可作羊饲料。老植株有害，刺锋利，对动物不利。

木豆（三叶豆、山豆根）***Cajanus cajan***（L.）Millsp.
（***Cajanus flavus*** DC.）

生境：栽培作物。

性状：直立小灌木。高 1 ～ 3 m。

分布：南宁、大化、百色、平南、富川。

饲用价值：中。花期 2 ～ 11 月。叶可作家畜饲料。种子可作猪饲料。

蔓草虫豆 ***Cajanus scarabaeoides***（L.）Thouars
［***Atylosia scarabacoides***（L.）Benth.］

生境：山坡、荒地。

性状：多年生草本。

分布：柳城、柳江区、鹿寨、融水、融安、三江、金城江区、罗城、宜州区、环江、东兰、巴马、凤山、南丹、天峨、都安、大化、兴安、全州、资源、龙胜、灵川、恭城、荔浦、平乐、灌阳、永福、田东、田阳区、平果、凌云、田林、隆林、乐业、德保、南宁、马山、合浦、上思、浦北、灵山、兴宾区、武宣、象州、忻城、金秀、合山、桂平、平南、港北区、富川、八步区、容县、北流、龙州、天等、宁明等。

饲用价值：中。花期 9 ～ 10 月。牛、羊采食幼嫩茎叶。

香花鸡血藤（香花崖豆藤）***Callerya dielsiana***（Harms）P. K. Loc ex Z. Wei & Pedley
（***Millettia dielsiana*** Harms）

生境：山坡、林下、灌木丛。

性状：攀缘灌木。长 2 ～ 5 m。

分布：融水。

饲用价值：低。花期 5 ～ 9 月。根、树皮有毒。叶可作羊饲料。

亮叶鸡血藤（亮叶崖豆藤、血风藤、光叶崖豆藤、亮叶岩豆藤）*Callerya nitida*（Bentham）R. Geesink

（***Millettia nitida*** Benth.）

生境：山坡、林下。

性状：攀缘灌木。

分布：防城区。

饲用价值：低。幼嫩茎叶可作牛、羊饲料。

网络鸡血藤（昆明鸡血藤、鸡血藤、白血藤）*Callerya reticulata*（Bentham）Schot

（***Millettia reticulata*** Benth.）

生境：山坡、林下、灌木丛。

性状：攀缘灌木。

分布：钦州、贵港、都安。

饲用价值：低。花期 5 ～ 11 月。根、树皮有毒。叶可作羊饲料。

三棱枝笐子梢 *Campylotropis trigonoclada*（Franch.）Schindl.

生境：山坡灌木丛、草地、林边、林下、路边。

性状：半灌木或灌木。高 1 ～ 3 m。枝梢“之”字曲折，具三棱，并有狭翅。

分布：隆林。

饲用价值：中。花期 7 ～ 11 月。幼嫩茎叶可作家畜饲料。

距瓣豆 *Centrosema pubescens* Benth.

生境：栽培植物。

性状：多年生草质藤本。

分布：南宁。

饲用价值：优。牛、羊采食叶、荚。

大叶山扁豆（短叶决明）*Chamaecrista leschenaultiana*（Candolle）O. Degener

［***Cassia mimosoides*** var. ***wallichiana***（DC.）Baker］

生境：山坡荒地、灌木丛。

性状：多年生半灌木状草本。

分布：富川。

饲用价值：低。幼嫩茎叶可作牛、羊饲料。

含羞草山扁豆（野皂角、水皂角、含羞草决明）*Chamaecrista mimosoides* Standl.（*Cassia mimosoides* L.）

生境：山地、田野、路边、水边。

性状：半灌木状草本。

分布：兴宾区、东兰、环江、那坡。

饲用价值：低。幼嫩茎叶可作猪、牛、羊饲料。

羽叶决明（含羞山扁豆）*Chamaecrista nictitans* Moench

生境：栽培植物。

性状：多年生草本。

分布：南宁。

饲用价值：优。牛、羊采食幼嫩茎叶。

圆叶山扁豆（圆叶决明）*Chamaecrista rotundifolia*（Pers.）Greene（*Cassia rotundifolia* Pers.）

生境：栽培植物。

性状：一年生或越年生草质藤本。

分布：南宁。

饲用价值：优。牛、羊采食幼嫩茎叶。

铺地蝙蝠草 *Christia obcordata*（Poir.）Bahn. F.

生境：山坡、荒地、林中。

性状：多年生平卧草本。长 15 ~ 60 cm。

分布：金秀、都安。

饲用价值：中。花期 5 ~ 8 月。牛、羊采食全株。

香槐（山荆）*Cladrastis wilsonii* Takeda（*Cladrastis lichuanensis* Q. W. Yao et G. G. Tang）

生境：杂木林。

性状：乔木。

分布：梧州。

饲用价值：中。幼嫩茎叶可作牛、羊饲料。

圆叶舞草 *Codoriocalyx gyroides*（Roxb. ex Link）Hassk.［*Desmodium gyroides*（Roxb.）DC.］

生境：山坡、林下、灌木丛。

性状：灌木。

分布：南宁、天峨、那坡、融水。

饲用价值：优。幼嫩茎叶可作牛饲料。

舞草（跳舞草）*Codoriocalyx motorius*（Houtt.）H. Ohashi［*Desmodium gyrans*（L. f.）DC.］

生境：山坡、林下、灌木丛。

性状：小灌木。高 1 m。

分布：天峨、都安、全州。

饲用价值：优。花期 7 ～ 9 月。幼嫩茎叶可作牛饲料。

响铃豆 *Crotalaria albida* Heyne ex Roth

生境：荒地、耕地、路边、山坡草丛、灌木丛、岩石缝中。

性状：灌木状草本。高 30 ～ 80 cm。

分布：南宁、兴宾区、那坡。

饲用价值：低。花果期 5 ～ 12 月。幼嫩茎叶可作牛、羊饲料。

长萼猪屎豆 *Crotalaria calycina* Schrank（*Crotalaria roxburghiana* DC.）

生境：荒地、路边、山坡草丛、灌木丛。

性状：一年生直立草本。高 30 ～ 80 cm。

分布：柳城、柳江区、鹿寨、融水、融安、三江、金城江区、罗城、宜州区、环江、东兰、巴马、凤山、南丹、天峨、都安、大化、兴安、全州、资源、龙胜、灵川、恭城、荔浦、平乐、灌阳、永福、田东、田阳区、平果、凌云、田林、隆林、乐业、德保、南宁、马山、合浦、上思、浦北、灵山、兴宾区、武宣、象州、忻城、金秀、合山、桂平、平南、港北区、富川、八步区、容县、北流、龙州、天等、宁明等。

饲用价值：低。花果期 7 ～ 10 月。幼嫩茎叶可作牛、羊饲料。

假地蓝（黄衣野百花）*Crotalaria ferruginea* Grah. ex Benth.

生境：路边、灌木丛。

性状：多年生草本。

分布：隆林、那坡、富川。

饲用价值：良。幼嫩茎叶可作牛、羊饲料。

菽麻（菽柽麻、太阳麻、柽麻、印度麻）*Crotalaria juncea* L.（*Crotalaria Sericea* Burm. f.）

生境：栽培绿肥作物。

性状：一年生草本。

分布：南宁。

饲用价值：低。嫩叶可作牛饲料。

线叶猪屎豆（条叶猪屎豆）*Crotalaria linifolia* L. f.

生境：山坡、路边。

性状：多年生草本。

分布：富川。

饲用价值：低。花期 5 ～ 10 月。牛、山羊采食幼嫩茎叶。

褐毛猪屎豆 *Crotalaria mysorensis* Roth

生境：荒地、耕地、河床、河堤。

性状：半灌木状草本。高 50 ～ 100 cm。

分布：南宁、合浦、武宣、巴马、都安。

饲用价值：低。种子和幼嫩茎叶有毒，人畜误食后，严重者会因腹水和肝功能丧失而死亡。

猪屎豆 *Crotalaria pallida* Ait.

生境：荒山草地。

性状：半灌木状草本。

分布：柳城、柳江区、鹿寨、融水、融安、三江、金城江区、罗城、宜州区、环江、东兰、巴马、凤山、南丹、天峨、都安、大化、兴安、全州、资源、龙胜、灵川、恭城、荔浦、平乐、灌阳、永福、田东、田阳区、平果、凌云、田林、隆林、乐业、德保、南宁、马山、合浦、上思、浦北、灵山、兴宾区、武宣、象州、忻城、金秀、合山、桂平、平南、港北区、富川、八步区、容县、北流、龙州、天等、宁明等。

饲用价值：低。花果期 9 ～ 12 月。种子和幼嫩茎叶有毒，人畜误食后，严重者会因腹水和肝功能丧失而死亡。

农吉利（野百合、蓝花野百合、佛指甲）*Crotalaria sessiliflora* L.

生境：山坡草地、路边、灌木丛。

性状：一年生直立草本。

分布：合浦、富川。

饲用价值：良。幼嫩茎叶可作牛、羊饲料。

球果猪屎豆（椭圆叶猪屎豆）*Crotalaria uncinella* Lamk.（*Crotalaria elliptica* Roxb.）

生境：荒地、耕地、路边。

性状：多年生灌木状草本。

分布：东兰。

饲用价值：低。幼嫩茎叶可作牛、羊饲料。

秧青（南岭黄檀）*Dalbergia assamica* Benth.（*Dalbergia balansae* Prain）

生境：山地杂木林、灌木丛。

性状：乔木。高 6 ～ 15 m。树皮灰黑色。

分布：融水。

饲用价值：低。花期 6 月。幼嫩茎叶可作山羊饲料。

藤黄檀 *Dalbergia hancei* Benth.

生境：山坡灌木丛、山谷溪边、石灰岩山地。

性状：藤本。

分布：融水。

饲用价值：低。花期 4 ～ 5 月。幼嫩茎叶可作山羊饲料。

黄檀 *Dalbergia hupeana* Hance

生境：山坡、林中、山谷溪边、石灰岩山地。

性状：乔木。高 10 ～ 20 m。树皮暗灰色。

分布：融水。

饲用价值：低。花期 5 ～ 7 月。幼嫩茎叶可作山羊饲料。

野蚂蟥（假木豆、千金石藤）*Dendrolobium triangulare*（Retz.）Schindl.［*Desmodium triangulare*（Retz.）Merr.］

生境：山坡、林下、灌木丛。

性状：小灌木。

分布：柳城、柳江区、鹿寨、融水、融安、三江、金城江区、罗城、宜州区、环江、东兰、巴马、凤山、南丹、天峨、兴安、全州、资源、龙胜、灵川、恭城、荔浦、平乐、灌阳、永福、田东、田阳区、平果、凌云、田林、西林、隆林、乐业、德保、南宁、马山、合浦、上思、浦北、灵山、兴宾区、武宣、象州、忻城、金秀、合山、桂平、平南、港北区、富川、八步区、容县、博白、北流、天等、宁明等。

饲用价值：优。幼嫩茎叶可作牛、羊饲料。

毛果鱼藤 ***Derris eriocarpa*** How

生境：山坡草地。

性状：木质藤本。

分布：环江。

饲用价值：低。花期 6 ～ 7 月。幼嫩茎叶可作山羊饲料。

鱼藤 ***Derris trifoliata*** Lour.

生境：山坡草地。

性状：木质藤本。

分布：都安。

饲用价值：低。幼嫩茎叶可作山羊饲料。

多枝草合欢（合欢草、小叶合欢）***Desmanthus virgatus***（L.）Willd.（***Mimosa virgata*** Linn.）

生境：山坡，或为栽培牧草。

性状：灌木状草本。

分布：南宁。

饲用价值：优。幼嫩茎叶可作家畜饲料。

大叶山蚂蟥（大叶山绿豆）***Desmodium gangeticum***（L.）DC.

生境：山坡、林下。

性状：半灌木。

分布：都安、天峨、那坡、兴宾区、融水。

饲用价值：优。幼嫩茎叶可作牛饲料。

绿叶山蚂蟥（扭曲山蚂蟥）***Desmodium intortum*** Urd.

生境：栽培牧草。

性状：多年生半灌木。

分布：南宁。

饲用价值：优。全株可作牛、羊饲料。

卵圆叶山绿豆 ***Desmodium ovalifolium*** Wall.

生境：栽培植物。

性状：多年生小灌木。

分布：南宁。

饲用价值：优。全株可作牛、羊饲料。

银叶山蚂蟥 ***Desmodium uncinatum***（Jacq.）DC.

生境：栽培牧草。

性状：藤本。

分布：南宁、兴宾区。

饲用价值：优。幼嫩茎叶可作家畜饲料。

黄毛野扁豆（山坡豆、山黄豆）***Dunbaria fusca***（Wall.）Kurz（***Phaseolus fuscus*** Wall.；***Atylosia crinita*** Dunn）

生境：山坡草丛。

性状：多年生草本。

分布：兴宾区、富川。

饲用价值：中。幼嫩茎叶可作牛、羊饲料。

小叶野扁豆 ***Dunbaria debilis*** Baker（***Dunbaria parvifolia*** X. X. Chen）

生境：丘陵山坡、灌木丛、林下。

性状：缠绕草质藤本。茎纤细，具细线纹，被短柔毛。

分布：兴宾区。

饲用价值：优。幼嫩茎叶可作家畜饲料。

长柄野扁豆 ***Dunbaria podocarpa*** Kurz

生境：河边、灌木丛，或攀缘于树上。

性状：多年生缠绕藤本。

分布：天峨、浦北、那坡、隆林。

饲用价值：优。全株可作牛、羊饲料。

圆叶野扁豆 ***Dunbaria rotundifolia***（Lour.）Merr.

生境：山坡灌木丛。

性状：多年生缠绕藤本。

分布：兴宾区、金秀、环江、天峨、都安。

饲用价值：优。幼嫩茎叶可作牛、羊饲料。

鸡头薯（猪仔笠、山葛）***Eriosema chinense*** Vog.

生境：山坡草地、林下。

性状：多年生直立草本。

分布：南宁、兴宾区、防城区、浦北。

饲用价值：中。幼嫩茎叶可作牛、羊饲料。

刺桐（广东象牙红、海桐皮）***Erythrina variegata*** L.

[***Erythrina variegata***（Linn.）var. ***orientalis***（L.）Merr.；***Erythrina orientalis***（L.）Murray]

生境：栽培植物，或为野生。

性状：落叶乔木。

分布：南宁、防城区、那坡、巴马。

饲用价值：良。幼嫩茎叶、树皮可作猪、牛、羊饲料。老茎叶有害。

大叶千斤拔（大力黄）***Flemingia macrophylla***（Willd.）Prain

[***Moghania macrophylla***（Willd.）Ktze.]

生境：山坡草地、林下、灌木丛、山谷、路边。

性状：直立半灌木。

分布：兴宾区、环江、浦北、兴安、灵川。

饲用价值：良。嫩叶可作牛、羊饲料。

千斤拔（蔓性千斤拔、单根守）***Flemingia prostrata*** C. Y. Wu

[***Flemingia philippinensis*** Merr. et Rolfe；***Moghania phillppinensis***（Merr. et Rolfe）Li.]

生境：山坡、林下、路边。

性状：直立或半卧半灌木。

分布：柳城、柳江区、鹿寨、融水、融安、三江、金城江区、罗城、宜州区、环江、东兰、巴马、凤山、南丹、天峨、都安、大化、兴安、全州、资源、龙胜、灵川、恭城、荔浦、平乐、灌阳、永福、田东、田阳区、平果、凌云、田林、隆林、乐业、德保、南宁、马山、合浦、上思、浦北、灵山、兴宾区、武宣、象州、忻城、金秀、合山、桂平、平南、港北区、富川、八步区、容县、北流、龙州、天等、宁明等。

饲用价值：良。幼嫩茎叶可作牛饲料。山羊喜食全株。

球穗千斤拔（球穗花千斤拔、半灌木千斤拔）*Flemingia strobilifera*（L.）Ait. [*Moghania strobilifera*（L.）St.-Hil.]

生境：空旷草地。

性状：灌木。

分布：浦北。

饲用价值：中。幼嫩茎叶可作牛、羊饲料。

乳豆（毛乳豆、小花乳豆）*Galactia tenuiflora*（Klein ex Willd.）Wight et Arn.（*Galactia elliptifoliola* Merr.）

生境：山坡灌木丛。

性状：缠绕草质藤本。茎纤细。

分布：兴宾区、武宣、象州。

饲用价值：优。花期 8 ～ 9 月。幼嫩茎叶可作家畜饲料。

大豆（黄豆）*Glycine max*（L.）Merr.

生境：栽培农作物。

性状：一年生直立草本。

分布：南宁。

饲用价值：优。幼嫩茎叶可作牛饲料。

野大豆 *Glycine soja* Sieb. et Zucc.

生境：山坡草地。

性状：一年生缠绕藤本。茎纤细。

分布：永福、富川。

饲用价值：优。花期 5 ～ 6 月。幼嫩茎叶可作家畜饲料。

假地豆（异果山绿豆）*Grona heterocarpos*（L.）H. Ohashi & K. Ohashi [*Desmodium heterocarpon*（L.）DC.]

生境：山坡、林下、山谷、水边、灌木丛。

性状：半灌木或小灌木。

分布：柳城、柳江区、鹿寨、融水、融安、三江、金城江区、罗城、宜州区、环江、东兰、巴马、

凤山、南丹、天峨、都安、大化、兴安、龙胜、灵川、恭城、荔浦、平乐、灌阳、永福、田东、田阳区、平果、凌云、田林、西林、隆林、乐业、德保、南宁、马山、合浦、上思、浦北、灵山、兴宾区、武宣、象州、忻城、金秀、合山、桂平、平南、港北区、富川、八步区、容县、北流、天等、宁明等。

饲用价值：优。幼嫩茎叶可作牛饲料。

异叶山蚂蟥（异叶山绿豆）*Grona heterophylla*（Willd.）H. Ohashi & K. Ohashi

［*Desmodium heterophyllum*（Willd.）DC.］

生境：山坡草地、林下、山谷、路边、水边、灌木丛。

性状：半灌木或小灌木。

分布：兴宾区。

饲用价值：优。花果期 7 ～ 10 月。幼嫩茎叶可作牛饲料。

显脉山绿豆（显脉假地豆、山地豆、假花生）*Grona reticulata*（Champ. ex Benth.）H. Ohashi & K. Ohashi

（*Desmodium reticulatum* Champ. ex Benth.）

生境：山坡草地。

性状：多年生直立半灌木。

分布：浦北。

饲用价值：良。幼嫩茎叶可作牛、羊饲料。

广东金钱草（金钱草、钥钱草）*Grona styracifolia*（Osbeck）H. Ohashi & K. Ohashi

［*Desmodium styracifolium*（Osbeck）Merr.］

生境：山坡、林下、灌木丛。

性状：小灌木状草本。

分布：柳城、柳江区、鹿寨、融水、融安、三江、金城江区、罗城、宜州区、环江、东兰、巴马、凤山、南丹、天峨、都安、大化、兴安、灵川、恭城、荔浦、平乐、灌阳、永福、田东、田阳区、平果、凌云、田林、西林、隆林、乐业、德保、南宁、马山、合浦、上思、浦北、灵山、兴宾区、武宣、象州、忻城、合山、桂平、平南、港北区、富川、八步区、容县、博白、北流、天等、宁明等。

饲用价值：良。花果期 6 ～ 9 月。幼嫩茎叶可作牛、羊饲料。

三点金（三点金草、细叶野花生、三花山绿豆）*Grona triflora*（L.）H. Ohashi & K. Ohashi

［***Desmodium triflorum***（L.）DC.］

生境：山坡、荒地、路边、灌木丛、河边沙土上。

性状：多年生平卧草本。

分布：南宁、浦北。

饲用价值：优。全株可作牛、羊饲料。

米口袋（米布袋）*Gueldenstaedtia multiflora* Bunge

生境：山坡草地、路边。

性状：多年生草本。

分布：南丹。

饲用价值：良。幼嫩茎叶可作牛、羊饲料。

宽卵叶长柄山蚂蟥（宽卵叶山蚂蟥、假山绿豆）*Hylodesmum podocarpum* subsp. *fallax*（Schindler）H. Ohashi & R. R. Mill

［***Podocarpium podocarpum***（DC.）Yang et P. H. Huang var. ***fallax***（Schindl.）Yang et P. H. Huang；***Desmodium fallax*** A. K. Schindl.］

生境：山坡、林下、灌木丛、路边。

性状：多年生小灌木。顶生小叶宽卵形或卵形。

分布：全州、凌云。

饲用价值：优。幼嫩茎叶可作牛、羊饲料。

尖叶长柄山蚂蟥（总序山绿豆、总序山蚂蟥）*Hylodesmum podocarpum* subsp. *oxyphyllum*（Candolle）H. Ohashi & R. R. Mill

［***Desmodium racemosum***（Thunb.）DC.］

生境：山坡、林下。

性状：多年生半灌木。

分布：富川、荔浦、环江、融水、柳江区、柳城。

饲用价值：优。幼嫩茎叶可作牛、羊饲料。

多花木蓝 *Indigofera amblyantha* Craib

生境：山坡草地、灌木丛、疏林、沟边、路边、岩石缝中。

性状：多年生直立灌木。

分布：全州、柳江区、柳城、鹿寨。

饲用价值：优。花期 5 ～ 9 月。幼嫩茎叶可作家畜饲料。

深紫木蓝 ***Indigofera atropurpurea*** Buch.-Ham. ex Hornem.

生境：山坡、灌木丛、山谷疏林、路边、沟边。
性状：多年生直立灌木。
分布：全州。
饲用价值：优。花期 5 ～ 9 月。幼嫩茎叶可作家畜饲料。

河北木蓝（马棘、狼牙草、野蓝靛）***Indigofera bungeana*** Walp.（***Indigofera pseudotinctoria*** Matsum）

生境：山坡草地、村边、灌木丛、溪边。
性状：半灌木。
分布：南宁、隆林、德保。
饲用价值：良。幼嫩茎叶可作牛、羊饲料。鲜叶粗蛋白质含量约为 5.5%。

黔南木蓝 ***Indigofera esquirolii*** Lévl.（***Indigofera arborea*** Gagnepain）

生境：山坡、灌木丛、疏林。
性状：多年生直立灌木。有棱，密生棕褐色或锈色软毛。
分布：隆林。
饲用价值：优。花期 4 ～ 8 月。幼嫩茎叶可作家畜饲料。

毛木蓝（硬毛木蓝）***Indigofera hirsuta*** L.

生境：山坡、林下、路边。
性状：平卧或直立小灌木。
分布：兴宾区。
饲用价值：中。幼嫩茎叶可作家畜饲料。

黑叶木蓝 ***Indigofera nigrescens*** Kurz ex King et Prain

生境：山坡草地、灌木丛、山谷疏林、河边。
性状：多年生直立灌木。茎赤褐色，幼枝绿色，有沟纹和棕色丁字毛。
分布：全州、天峨。
饲用价值：良。花期 6 ～ 9 月。幼嫩茎叶可作家畜饲料。

茸毛木蓝 *Indigofera stachyodes* Lindl.

生境：山坡草地、村边、灌木丛、溪边。
性状：半灌木。
分布：隆林、德保。
饲用价值：良。幼嫩茎叶可作牛、羊饲料。

假蓝靛（野青树）*Indigofera suffruticosa* Mill.

生境：山坡荒地、路边。
性状：直立半灌木或灌木。
分布：都安。
饲用价值：中。幼嫩茎叶可作牛、羊饲料。

木蓝 *Indigofera tinctoria* L.

生境：山坡。
性状：直立亚灌木。高 0.5 ～ 1 m。
分布：全州。
饲用价值：中。果期 10 月。幼嫩茎叶可作牛、羊饲料。

三叶木蓝 *Indigofera trifoliata* L.

生境：山坡草地、田边。
性状：多年生草本。茎平卧或直立，基部木质化。
分布：兴宾区、全州。
饲用价值：中。花期 7 ～ 9 月。幼嫩茎叶可作牛、羊饲料。

长萼鸡眼草 *Kummerowia stipulacea*（Maxim.）Makino

生境：山坡、林下、低湿地、河边、沙砾地。
性状：一年生草本。高 7 ～ 15 cm。
分布：环江。
饲用价值：优。花期 7 ～ 8 月。家畜喜食全草。

鸡眼草（夜关门）*Kummerowia striata*（Thunb.）Schindl.

生境：山坡、林下、低湿地。
性状：一年生草本。
分布：柳城、柳江区、鹿寨、融水、融安、三江、金城江区、罗城、宜州区、环江、东兰、巴马、凤山、南丹、天峨、都安、大化、兴安、全州、资源、龙胜、灵川、恭城、荔浦、平乐、灌阳、永福、田东、田阳区、平果、凌云、田林、隆林、乐业、德保、南宁、马山、合浦、上思、浦北、灵山、兴宾区、武宣、象州、忻城、金秀、合山、桂平、平南、港北区、富川、八步区、容县、北流、龙州、天等、宁明等。

饲用价值：优。家畜喜食全草。

峨眉豆（扁豆、雪豆）*Lablab purpureus*（L.）Sweet（*Dolichos lablab* L.）

生境：栽培蔬菜作物。

性状：一年生缠绕草质藤本。

分布：博白。

饲用价值：优。全株可作猪、牛饲料。

小叶细蚂蟥（小叶三点金、铺地山绿豆、红藤）*Leptodesmia microphylla*（Thunb.）H. Ohashi & K. Ohashi [*Desmodium microphyllum*（Thunb.）DC.]

生境：山坡、荒地、路边。

性状：多年生平卧草本。

分布：南宁、富川、兴宾区、都安、融水。

饲用价值：优。全株可作牛、羊饲料。

胡枝子 *Lespedeza bicolor* Turcz.

生境：山坡、林下。

性状：灌木。

分布：田阳区、平果、德保、隆林、西林、金城江区。

饲用价值：优。幼嫩茎叶可作牛、羊饲料。

中华胡枝子 *Lespedeza chinensis* G. Don

生境：山坡、林下、林边、灌木丛、路边。

性状：小灌木。高达 1 m。

分布：德保、富川。

饲用价值：优。花期 8 ～ 9 月。幼嫩茎叶可作牛、羊饲料。

铁扫把（夜关门、蚊虫草、截叶铁扫帚）*Lespedeza cuneata*（Dum.-Cours.）G. Don

生境：山坡草地。

性状：直立小灌木。

分布：柳城、柳江区、鹿寨、融水、融安、三江、金城江区、罗城、宜州区、环江、东兰、巴马、凤山、南丹、天峨、都安、大化、兴安、全州、资源、龙胜、灵川、恭城、荔浦、平乐、灌阳、永福、田东、田阳区、平果、凌云、田林、隆林、乐业、德保、南宁、马山、合浦、上思、浦北、灵山、兴宾区、武宣、象州、忻城、金秀、合山、桂平、平南、港北区、富川、八步区、容县、北流、龙州、天等、宁明等。

饲用价值：中。幼嫩茎叶可作牛、羊饲料。

大叶胡枝子（活血丹）*Lespedeza davidii* Franch.

生境：山坡草地、林下、路边。

性状：灌木。

分布：龙胜、资源、灌阳、全州、永福、罗城、环江、宜州区、富川、柳江区、柳城、融水。

饲用价值：优。幼嫩茎叶可作牛、羊饲料。

尖叶铁扫帚 *Lespedeza juncea*（L. f.）Pers.
［*Lespedeza hedysaroides*（Pall.）Kitag.］

生境：路边、山坡小灌木丛。

性状：落叶小灌木。

分布：南丹。

饲用价值：中。幼嫩茎叶可作牛、羊饲料。

美丽胡枝子（把天门）*Lespedeza thunbergii* subsp. *formosa*（Vogel）H. Ohashi
［*Lespedeza formosa*（Vog.）Koehne］

生境：山坡、林下。

性状：灌木。

分布：柳城、柳江区、鹿寨、融水、融安、三江、金城江区、罗城、宜州区、环江、东兰、巴马、凤山、南丹、天峨、都安、大化、兴安、全州、资源、龙胜、灵川、恭城、荔浦、平乐、灌阳、永福、田东、田阳区、平果、凌云、田林、隆林、乐业、德保、南宁、马山、合浦、上思、浦北、灵山、兴宾区、武宣、象州、忻城、金秀、合山、桂平、平南、港北区、富川、八步区、容县、北流、龙州、天等、宁明等。

饲用价值：优。幼嫩茎叶可作家畜饲料。

变叶银合欢 *Leucaena diversifolia*（Schltdl.）Benth.

生境：栽培造林树种和牧草树种。
性状：灌木或小乔木。
分布：南宁。
饲用价值：良。幼嫩茎叶可作牛、羊饲料。叶含含羞草素，易引起家畜脱毛，不宜饲喂过多。

银合欢 *Leucaena leucocephala*（Lam.）de Wit

生境：栽培造林树种和牧草树种。
性状：灌木或小乔木。
分布：南宁、北海、合浦。
饲用价值：良。幼嫩茎叶可作牛、羊饲料。叶含含羞草素，易引起家畜脱毛，不宜饲喂过多。

新银合欢（白合欢）*Leucaena leucocephala*（Lam.）de Wit cv. Salvador

生境：山坡、荒山、林地。主要为栽培树种。
性状：乔木。
分布：南宁。
饲用价值：良。幼嫩茎叶可作牛、羊饲料。叶含含羞草素，易引起家畜脱毛，不宜饲喂过多。

大银合欢 *Leucaena pulverulenta* Benth.

生境：栽培造林树种和牧草树种。
性状：灌木或小乔木。
分布：南宁。
饲用价值：良。幼嫩茎叶可作牛、羊饲料。叶含含羞草素，易引起家畜脱毛，不宜饲喂过多。

罗顿豆 *Lotononis bainesii* Baker

生境：栽培植物。
性状：多年生草本。
分布：贵港。
饲用价值：优。幼嫩茎叶可作牛、羊饲料。

紫花大翼豆（色拉豆）*Macroptilium atropurpureum*（DC.）Urb.（*Phaseolus atropurpureus* Moc. et Sessé. ex DC.）

生境：栽培牧草。
性状：多年生草质藤本。

分布：南宁、兴宾区、百色。

饲用价值：优。花期 9 ～ 11 月。植株可作家畜饲料。

大翼豆 ***Macroptilium lathyroides***（L.）Urb.（***Phaseolus lathyroides*** L.）

生境：栽培牧草。

性状：多年生草质藤本。

分布：南宁。

饲用价值：优。植株可作家畜饲料。

阿切尔大结豆 ***Macrotyloma axillare***（E. Mey.）Verdc. cv. Archer

生境：栽培牧草。

性状：多年生灌木状草本。

分布：南宁、兴宾区、百色。

饲用价值：良。花期 9 ～ 11 月。植株可作牛饲料。

天蓝苜蓿（黑荚苜蓿、杂花苜蓿）***Medicago lupulina*** L.

生境：栽培绿肥作物。

性状：一年生草本。

分布：灵川、龙胜、全州。

饲用价值：优。植株可作牛、羊饲料。

小苜蓿 ***Medicago minima***（L.）Grufb.

生境：荒坡、沙地。

性状：一年生草本。

分布：南丹。

饲用价值：优。花期 5 月。植株可作家畜饲料。

南苜蓿（黄花草子、金花菜）***Medicago polymorpha*** Linn.（***Medicago hispida*** Gaertn.）

生境：栽培绿肥作物。

性状：多年生草本。

分布：北流。

饲用价值：良。植株可作牛饲料。

紫花苜蓿（苜蓿、紫苜蓿）*Medicago sativa* L.

生境：栽培牧草。

性状：多年生草本。

分布：南宁、桂林。

饲用价值：良。植株可作牛饲料。

草木樨（草木犀、黄花草木樨）*Melilotus officinalis*（L.）Pall.（*Melilotus suaveolens* Ledeb.）

生境：山坡、林中、路边、潮湿处，或为栽培牧草。

性状：一年生或二年生草本，直立。

分布：金秀、全州。

饲用价值：优。幼嫩茎叶可作牛、羊饲料。

异果崖豆藤 *Millettia dielsiana* var. *heterocarpa*（Chun ex T. Chen）Z. Wei

生境：山坡、林下、灌木丛。

性状：攀缘灌木。长 2～5 m。

分布：富川。

饲用价值：低。花期 5～9 月。根、树皮有毒。叶可作羊饲料。

厚果崖豆藤（厚果鸡血藤、冲天子）*Millettia pachycarpa* Benth.

生境：山坡灌木丛。

性状：大型攀缘灌木。

分布：都安。

饲用价值：低。种子、根有毒。幼嫩茎叶可作山羊饲料。

海南崖豆藤（毛瓣鸡血藤）*Millettia pachyloba* Drake [*Millettia lasiopetala*（Hayata）Merr.]

生境：山坡、林下、灌木丛。

性状：攀缘灌木。

分布：都安。

饲用价值：低。根、树皮有毒。叶可作羊饲料。

含羞草（怕羞草）*Mimosa pudica* L.

生境：山坡、林中、路边、潮湿处，或为栽培植物。

性状：直立、蔓生或攀缘灌木。

分布：东兰。

饲用价值：良。幼嫩茎叶可作牛、羊饲料。

蚌亮千斤拔（蚌壳草、咳嗽草、半灌木千斤拔）*Moghania fruticulosa*（Wall. ex Call.）Wang et Tang

生境：山沟、山脚等处的灌木丛和草丛。

性状：小灌木。

分布：防城区、东兰、巴马。

饲用价值：中。嫩叶可作牛、羊饲料。

美丽鸡血藤（南海藤、牛大力藤、山莲藕、美丽崖豆藤）*Nanhaia speciosa*（Champ. ex Benth.）J. Compton & Schrire
[***Callerya speciosa***（Champion ex Bentham）Schot；***Millettia speciosa*** Champ.]

生境：山谷、路边、疏林、灌木丛。

性状：攀缘灌木。

分布：南宁、浦北。

饲用价值：中。幼嫩茎叶可作牛、羊饲料。

黄大豆（长序大豆）*Neonotonia wightii*（Graham ex Wight & Arn.）J. A. Lackey
[***Glycine wightii***（Graham ex Wight & Arn.）Verdc.]

生境：栽培植物。

性状：多年生草质藤本。

分布：南宁。

饲用价值：优。茎叶可作牛、羊饲料。

小槐花（山蚂蟥、粘身草、拿身草）*Ohwia caudata*（Thunb.）H. Ohashi
[***Desmodium caudatum***（Thunb.）DC.]

生境：山坡、路边草地、沟边、林边、林下。

性状：直立灌木或亚灌木。高 1 ～ 2 m。

分布：柳城、柳江区、鹿寨、融水、融安、三江、金城江区、罗城、宜州区、环江、东兰、巴马、凤山、南丹、天峨、兴安、全州、资源、龙胜、灵川、恭城、荔浦、平乐、灌阳、永福、田东、田阳区、平果、凌云、田林、西林、隆林、乐业、德保、南宁、马山、合浦、上思、浦北、灵山、兴宾区、武宣、象州、忻城、金秀、合山、桂平、平南、港北区、富川、八步区、容县、博白、北流、天等、宁明等。

饲用价值：优。花期 7 ～ 9 月。幼嫩茎叶可作牛、羊饲料。

饿蚂蟥 ***Ototropis multiflora***（DC.）H. Ohashi & K. Ohashi（***Desmodium multiflorum*** DC.）

生境：山坡草地、林边。

性状：直立灌木。高 1 ～ 2 m。

分布：柳城、柳江区、鹿寨、融水、融安、三江、金城江区、罗城、宜州区、环江、东兰、巴马、凤山、南丹、天峨、兴安、全州、资源、龙胜、灵川、恭城、荔浦、平乐、灌阳、永福、田东、田阳区、平果、凌云、田林、西林、隆林、乐业、德保、南宁、马山、合浦、北海、防城区、上思、浦北、灵山、钦州、兴宾区、武宣、象州、忻城、金秀、合山、桂平、平南、港北区、富川、八步区、梧州、容县、博白、北流、龙州、天等、宁明等。

饲用价值：优。花期 7 ～ 9 月。幼嫩茎叶可作牛、羊饲料。

葛薯（凉薯）***Pachyrhizus erosus***（L.）Urb.

生境：栽培农作物。

性状：粗状缠绕草质藤本。

分布：南宁、横州。

饲用价值：优。幼嫩茎叶可作牛、羊饲料。种子有毒。

棉豆（荷苞豆、雪豆）***Phaseolus lunatus*** L.

生境：栽培农作物。

性状：一年生攀缘草本。

分布：南宁。

饲用价值：良。全株可作牛饲料。

绿豆 ***Phaseolus radiatus*** L.

生境：栽培农作物。

性状：一年生直立草本。

分布：南宁。

饲用价值：良。幼嫩植株可作牛饲料。

四季豆（菜豆）***Phaseolus vulgaris*** L.

生境：栽培作物。

性状：一年生攀缘草本。

分布：南宁。

饲用价值：良。幼嫩茎叶可作牛、羊饲料。

毛排钱草 ***Phyllodium elegans***（Lour.）Desv.
（***Desmodium blandum*** Van Meeuwen）

生境：山坡、林下。
性状：直立半灌木。
分布：北海。
饲用价值：低。幼嫩茎叶可作牛、羊饲料。

排钱草（排钱树、串钱草、钱串木、燕子尾）***Phyllodium pulchellum***（L.）Desv.
［***Desmodium pulchellum***（L.）Benth.］

生境：山坡、林下。
性状：半灌木。
分布：柳城、柳江区、鹿寨、融水、融安、三江、金城江区、罗城、宜州区、环江、东兰、巴马、凤山、南丹、天峨、都安、大化、兴安、全州、资源、龙胜、灵川、恭城、荔浦、平乐、灌阳、永福、田东、田阳区、平果、凌云、田林、西林、隆林、乐业、德保、南宁、马山、合浦、上思、浦北、灵山、兴宾区、武宣、象州、忻城、金秀、合山、桂平、平南、港北区、富川、八步区、容县、博白、北流、龙州、天等、宁明等。
饲用价值：低。幼嫩茎叶可作牛、羊饲料。

荷兰豆（豌豆）***Pisum sativum*** L.

生境：栽培蔬菜作物。
性状：一年生或越年生草本。
分布：南宁、融水、武宣、忻城、金秀。
饲用价值：优。全株可作牛饲料。

牛蹄豆 ***Pithecellobium dulce***（Roxb.）Benth.

生境：疏林。
性状：常绿乔木。
分布：龙州。
饲用价值：中。嫩叶可作牛、羊饲料。

翅荚香槐 ***Platyosprion platycarpum***（Maxim.）Maxim.
［***Cladrastis platycarpa***（Maxim.）Makino］

生境：山谷疏林、山坡杂木林。

性状：乔木。树皮暗灰色。

分布：金秀。

饲用价值：良。花期 4 ～ 6 月。幼嫩茎叶可作牛、羊饲料。

绒毛山蚂蟥（绒毛叶山蚂蟥）***Polhillides velutina***（Willd.）H. Ohashi & K. Ohashi
［***Desmodium velutinum***（Willd.）DC.］

生境：丘陵山坡、灌木丛、林下。

性状：半灌木。

分布：那坡。

饲用价值：优。幼嫩茎叶可作家畜饲料。

食用葛（葛根）***Pueraria edulis*** Pamp.

生境：山沟、林中。

性状：灌木状缠绕藤本。具块根。茎被稀疏的棕色长硬毛。

分布：北流。

饲用价值：良。花期 9 月。幼嫩茎叶可作猪、牛、羊饲料。

野葛藤 ***Pueraria lobata***（Willd.）Ohwi

生境：湿润山坡、林地、路边。

性状：缠绕藤本。

分布：兴宾区、金秀、天峨、富川、那坡。

饲用价值：良。花期 9 ～ 10 月。幼嫩茎叶可作猪、牛、羊饲料。

山葛藤 ***Pueraria montana***（Lour.）Merr.

生境：湿润山坡、林地、路边。

性状：藤本。

分布：兴宾区、北流、浦北、环江。

饲用价值：良。幼嫩茎叶可作猪、牛、羊饲料。

野葛 ***Pueraria montana*** var. ***lobata***（Willd.）Maesen et S. M. Almeida ex Sanjappa et Predeep

［***Pueraria thunbergiana***（S. et Z.）Benth.］

生境：山坡、林下、河沟边。

性状：藤本。

分布：柳城、柳江区、鹿寨、融水、融安、三江、金城江区、罗城、宜州区、环江、东兰、巴马、凤山、南丹、天峨、都安、大化、兴安、全州、资源、龙胜、灵川、恭城、荔浦、平乐、灌阳、永福、田东、田阳区、平果、凌云、田林、隆林、乐业、德保、南宁、马山、合浦、上思、浦北、灵山、兴宾区、武宣、象州、忻城、金秀、合山、桂平、平南、港北区、富川、八步区、容县、北流、龙州、天等、宁明等。

饲用价值：良。幼嫩植株可作猪、牛、羊饲料。鲜叶干物质中粗蛋白质含量约为 17.3%。

粉葛（甘葛藤） ***Pueraria montana*** var. ***thomsonii***（Bentham）M. R. Almeida

（***Pueraria thomsonii*** Benth.）

生境：栽培作物。

性状：藤本。

分布：南宁。

饲用价值：良。幼嫩茎叶可作猪、牛、羊饲料。

云南葛藤（苦葛） ***Pueraria peduncularis***（Grah. ex Benth.）Benth.

生境：丘陵、山地、灌木丛。

性状：缠绕藤本。

分布：环江。

饲用价值：良。花期 6～9 月。幼嫩茎叶可作猪、牛、羊饲料。

三裂叶葛（葛藤、三裂叶葛藤、爪哇葛藤） ***Pueraria phaseoloides***（Roxb.）Benth.

生境：丘陵、山地、林边、水边、灌木丛。

性状：灌木状缠绕藤本。

分布：那坡、浦北。

饲用价值：良。幼嫩茎叶可作猪、牛、羊饲料。

葛藤 ***Pueraria pseudohirsuta*** T. Tang et F. T. Wang

生境：山坡、林下、河沟边。

性状：藤本。

分布：柳城、柳江区、鹿寨、融水、融安、三江、金城江区、罗城、宜州区、环江、东兰、巴马、凤山、南丹、天峨、都安、大化、兴安、全州、资源、龙胜、灵川、恭城、荔浦、平乐、灌阳、永福、田东、田阳区、平果、凌云、田林、隆林、乐业、德保、南宁、马山、合浦、上思、浦北、灵山、兴宾区、武宣、象州、忻城、金秀、合山、桂平、平南、港北区、富川、八步区、容县、北流、龙州、天等、宁明等。

饲用价值：良。幼嫩茎叶可作猪、牛、羊饲料。鲜叶中粗蛋白质含量约为4%。块根富含淀粉。

长波叶山蚂蟥（波叶山蚂蟥、瓦子草、菱叶山绿豆）***Puhuaea sequax***（Wall.）H. Ohashi & K. Ohashi
（***Desmodium sequax*** Wall.）

生境：山坡草丛、林边。

性状：多年生直立灌木。高1～2 m。

分布：隆林、天峨、环江、兴宾区。

饲用价值：优。花期7～9月。幼嫩茎叶可作牛、羊饲料。

密子豆 ***Pycnospora lutescens***（Poir.）Schindl.

生境：山坡草地、路边、水边。

性状：多年生半灌木状草本。

分布：柳城、柳江区、鹿寨、融水、融安、三江、金城江区、罗城、宜州区、环江、东兰、巴马、凤山、南丹、天峨、都安、大化、兴安、全州、资源、龙胜、灵川、恭城、荔浦、平乐、灌阳、永福、田东、田阳区、平果、凌云、田林、隆林、乐业、德保、南宁、马山、合浦、上思、浦北、灵山、兴宾区、武宣、象州、忻城、金秀、合山、桂平、平南、港北区、富川、八步区、容县、北流、龙州、天等、宁明等。

饲用价值：低。幼嫩植株可作牛、羊饲料。

鹿藿 ***Rhynchosia volubilis*** Lour.

生境：杂草地，或攀缘于树上。

性状：缠绕草质藤本。

分布：柳城、柳江区、鹿寨、融水、融安、三江、金城江区、罗城、宜州区、环江、东兰、巴马、凤山、南丹、天峨、都安、大化、兴安、全州、资源、龙胜、灵川、恭城、荔浦、平乐、灌阳、永福、田东、田阳区、平果、凌云、田林、隆林、乐业、德保、南宁、马山、合浦、上思、浦北、灵山、兴宾区、武宣、象州、忻城、金秀、合山、桂平、平南、港北区、富川、八步区、容县、北流、龙州、天等、宁明等。

饲用价值：良。花期5～8月。幼嫩植株可作牛、羊饲料。

翅荚决明（刺荚黄槐、有翅决明、翅果决明、翅荚槐）*Senna alata*（Linn.）Roxb.

[***Cassia alata*** L.；***Herpetica alata***（L.）Raf.]

生境：山坡草地、疏林。

性状：多年生灌木。

分布：南宁。

饲用价值：中。花期 11 月至翌年 1 月。牛、羊采食嫩叶、嫩荚。

望江南（野扁豆、羊角豆）*Senna occidentalis*（Linnaeus）Link

（***Cassia occidentalis*** L.）

生境：山坡、河边。

性状：灌木或半灌木。

分布：环江、合浦、全州。

饲用价值：中。花期 4 ～ 8 月。幼嫩茎叶可作牛、羊饲料。

槐叶决明（江芒决明）*Senna sophera*（L.）Roxb.

[***Cassia sophera*** L.；***Senna occidentalis*** var. ***sophera***（Linn）X. Y. Zhu]

生境：山坡、路边，或为栽培植物。

性状：灌木或半灌木。

分布：钦州。

饲用价值：优。牛、羊采食嫩叶、嫩荚。

决明（草决明、假绿豆）*Senna tora*（Linn.）Roxb.

（***Cassia tora*** L.）

生境：山坡、荒地、路边。

性状：一年生半灌木状草本。

分布：柳城、柳江区、鹿寨、融水、融安、三江、金城江区、罗城、宜州区、环江、东兰、巴马、凤山、南丹、天峨、都安、大化、兴安、全州、资源、龙胜、灵川、恭城、荔浦、平乐、灌阳、永福、田东、田阳区、平果、凌云、田林、隆林、乐业、德保、南宁、马山、合浦、上思、浦北、灵山、兴宾区、武宣、象州、忻城、金秀、合山、桂平、平南、港北区、富川、八步区、容县、北流、龙州、天等、宁明等。

饲用价值：中。牛、羊采食嫩叶、嫩荚。

田菁（肥田草）*Sesbania cannabina*（Retz.）Poir.

生境：田间、路边、潮湿处，或为栽培植物。

性状：小灌木。

分布：港北区、南宁、桂林、百色。

饲用价值：中。茎叶可作家畜饲料。

光宿苞豆（毛宿苞豆）*Shuteria involucrata* var. *villosa*（Pampan.）Ohashi
［*Shuteria involucrata*（Wall.）Wight et Arn.］

生境：山谷、树下、山坡、田边、草地、路边。

性状：多年生草质藤本。长 60 ～ 120 cm。

分布：桂南地区、桂西地区、桂西北地区。标本采集于天峨、德保。

饲用价值：中。植株可作牛、羊饲料。

西南宿苞豆 *Shuteria vestita* Wight et Arn.

生境：山谷、树下、草地、路边。

性状：草质藤本。

分布：德保。

饲用价值：中。植株可作牛、羊饲料。

田基豆（坡油甘）*Smithia sensitiva* Ait.

生境：田边、低湿地。

性状：一年生灌木状草本。高达 1 m。

分布：环江。

饲用价值：中。植株可作家畜饲料。

大叶拿身草（拿身草、疏花山蚂蟥）*Sohmaea laxiflora*（DC.）H. Ohashi & K. Ohashi
［*Desmodium laxiflorum* DC.］

生境：荒地、路边、林边、灌木丛、山坡草地。

性状：直立或平卧小灌木。高 30 ～ 120 cm。

分布：环江、天峨、德保、那坡、金秀、浦北、柳江区、柳城、融安、融水、兴安、全州、资源、龙胜、永福。

饲用价值：优。花期 8 ～ 10 月。幼嫩茎叶可作牛、羊饲料。

白刺花（狼牙刺、苦刺花）*Sophora davidii*（Franch.）Skeels
（*Sophora viciifolia* Hance）

生境：河谷沙地、山坡灌木丛。

性状：灌木。

分布：河池。

饲用价值：优。花期3～8月，果期6～10月。牛、羊采食幼嫩茎叶。

苦参（流产草、山槐子）*Sophora flavescens* Ait.

生境：沙地、山坡阴面。

性状：灌木。

分布：全州、灌阳、兴安。

饲用价值：低。牛、羊采食幼嫩茎叶。

越南槐（山豆根、广豆根、柔枝槐）*Sophora tonkinensis* Gagnep.（*Sophora subprostrata* Chun et T. C. Chen）

生境：石灰岩山脚或岩缝中。

性状：直立或披散常绿乔木。

分布：防城区。

饲用价值：低。幼嫩茎叶可作牛、羊饲料。

黄花槐 *Sophora xanthoantha* C. Y. Ma

生境：路边、庭园边，或为栽培植物。

性状：灌木。

分布：南宁。

饲用价值：中。花期9～11月。幼嫩枝叶可作家畜饲料。

密花豆（三叶鸡血藤、九层风、猪血藤）*Spatholobus suberectus* Dunn

生境：林下、灌木丛、沟谷。

性状：木质藤本。

分布：防城区。

饲用价值：低。幼嫩茎叶可作牛、羊饲料。

头状柱花草 *Stylosanthes capitata* Vog.

生境：引进栽培牧草。

性状：多年生草本。

分布：南宁。

饲用价值：良。植株可作牛、羊饲料，粉碎加工后也可作猪及禽类饲料。

圭亚那柱花草 *Stylosanthes guianensis*（Aubl.）Sw.

生境：引进栽培牧草。

性状：多年生草本。

分布：南宁、兴宾区、田林。

饲用价值：良。植株可作牛、羊饲料，粉碎加工后也可作猪及禽类饲料。国内培育了一系列圭亚那柱花草品种如热研 2 号柱花草、907 柱花草品种等，在生产上广泛应用。

格拉姆柱花草 *Stylosanthes guianensis* Sw. cv. Graham

生境：引进栽培牧草。

性状：一年或多年生草本。

分布：南宁、兴宾区、田林、田阳区、扶绥。

饲用价值：良。植株可作牛、羊饲料，粉碎加工后也可作猪及禽类饲料。易感柱花草炭疽病。

有钩柱花草 *Stylosanthes hamata*（L.）Taub.

生境：引进栽培牧草。

性状：一年生或越年生草本。

分布：南宁、兴宾区、田林。

饲用价值：良。植株可作牛、羊饲料，粉碎加工后也可作猪及禽类饲料。

矮柱花草 *Stylosanthes humilis* H. B. K.

生境：引进栽培牧草。

性状：一年生草本。

分布：南宁、兴宾区、田林、田阳区、扶绥。

饲用价值：良。植株可作牛、羊饲料，粉碎加工后也可作猪及禽类饲料。易感柱花草炭疽病。

粗糙柱花草 *Stylosanthes scabra* Vog.

生境：引进栽培牧草。

性状：多年生草本。

分布：南宁、兴宾区、田林。

饲用价值：良。植株可作牛、羊饲料，粉碎加工后也可作猪及禽类饲料。

槐（国槐、柴槐、白槐、槐角子）*Styphnolobium japonicum*（L.）Schott（*Sophora japonica* L.）

生境：田间、路边、潮湿处，或为栽培绿肥作物。

性状：落叶乔木。

分布：桂林。

饲用价值：中。花期 9 ～ 11 月。幼嫩枝叶可作家畜饲料。

蔓茎葫芦茶 ***Tadehagi pseudotriquetrum***（DC.）Yang et Huang（***Desmodium pseudotriquetum*** DC.）

生境：山坡、林下。

性状：多年生半灌木草本。

分布：柳城、柳江区、鹿寨、融水、融安、三江、金城江区、罗城、宜州区、环江、东兰、巴马、凤山、南丹、天峨、兴安、全州、资源、龙胜、灵川、恭城、荔浦、平乐、灌阳、永福、田东、田阳区、平果、凌云、田林、西林、隆林、乐业、德保、南宁、马山、合浦、上思、浦北、灵山、兴宾区、武宣、象州、忻城、金秀、合山、桂平、平南、港北区、富川、八步区、容县、博白、北流、龙州、天等、宁明等。

饲用价值：中。幼嫩茎叶可作牛、羊饲料。

葫芦茶 ***Tadehagi triquetrum***（L.）Ohashi [***Desmodium triquetrum***（L.）DC.]

生境：荒地、林边、路边。

性状：半灌木。

分布：柳城、柳江区、鹿寨、融水、融安、三江、金城江区、罗城、宜州区、环江、东兰、巴马、凤山、南丹、天峨、兴安、全州、资源、龙胜、灵川、恭城、荔浦、平乐、灌阳、永福、田东、田阳区、平果、凌云、田林、西林、隆林、乐业、德保、南宁、马山、合浦、上思、浦北、灵山、兴宾区、武宣、象州、忻城、金秀、合山、桂平、平南、港北区、富川、八步区、容县、博白、北流、龙州、天等、宁明等。

饲用价值：中。幼嫩茎叶可作牛、羊饲料。

山毛豆（短萼灰叶豆）***Tephrosia candida*** DC.

生境：栽培牧草，多种植于丘陵红壤坡地。

性状：灌木。株高 1 ～ 3 m。耐酸，耐瘠，耐旱，喜阳，稍耐轻霜。

分布：南宁、北海、百色、玉林、钦州、防城区。

饲用价值：低。花期 11 月至翌年 2 月。幼嫩茎叶可作牛、羊饲料。

黄灰毛豆（假乌豆）***Tephrosia vestita*** Vog.

生境：旷野、旱地。

性状：灌木。

分布：合浦。

饲用价值：低。幼嫩茎叶可作牛、羊饲料。

杂三叶草（金花草、爱沙苜蓿）***Trifolium hybridum*** L.

生境：栽培牧草。

性状：多年生草本。

分布：金秀。

饲用价值：优。地上部分可作牛、羊、兔饲料。

野火球（野车轴草）***Trifolium lupinaster*** L.

生境：山坡潮湿处、河边、松林下。

性状：多年生草本。

分布：南丹。

饲用价值：优。地上部分可作牛、羊饲料。

红三叶草（细车轴草）***Trifolium pratense*** L.

生境：引进栽培牧草。

性状：多年生草本。

分布：龙胜、资源、全州、兴安。

饲用价值：优。是良好的青饲料，猪、牛、羊等喜食全草。也可作青干草和青贮饲料。

白三叶草 ***Trifolium repens*** L.

生境：引进栽培牧草。

性状：多年生草本。

分布：龙胜、资源、全州、兴安、桂林、南宁。

饲用价值：优。是优良的饲用牧草，猪、牛、羊等喜食全草。

滇南狸尾豆（野番豆）***Uraria lacei*** Craib [***Uraria clarkei***（Clarke）Gagnep.]

生境：山坡草地、林下。

性状：直立灌木。高达 2 m。

分布：天峨、那坡、隆林。

饲用价值：中。花果期 6 ～ 10 月。牛、羊采食幼嫩茎叶。

狸尾草（兔尾草）*Uraria lagopodioides*（L.）Desv. ex DC.

生境：山坡、林下。

性状：多年生草本。

分布：兴宾区、河池、都安、那坡。

饲用价值：中。花果期 8 ～ 10 月。牛、羊采食幼嫩茎叶。

山野豌豆（豆豆苗、芦豆苗）*Vicia amoena* Fisch. ex DC.

生境：山坡、路边、草丛。

性状：多年生草本。

分布：南丹。

饲用价值：优。茎叶可作牛、羊饲料。

蚕豆（南豆）*Vicia faba* L.

生境：栽培蔬菜作物。

性状：一年生草本。

分布：南宁、桂林、柳州、百色、钦州、北海、防城区、玉林。

饲用价值：优。茎叶可作家畜饲料。

窄叶野豌豆（大巢菜、野绿豆）*Vicia sativa* subsp. *nigra* Ehrhart（*Vicia angustifolia* L. ex Reichard）

生境：旷野、山坡草地。

性状：一年生草本。

分布：巴马、南丹、桂林。

饲用价值：优。幼嫩植株可作牛、羊饲料。

四籽野豌豆（乌喙豆）*Vicia tetrasperma*（L.）Schreber

生境：田边、荒地。

性状：一年生草本。

分布：南丹。

饲用价值：优。是猪、牛、羊良好的青饲料。干草粗蛋白质含量约为 18.2%。

歪头菜（草豆）*Vicia unijuga* A. Br.

生境：路边、草地、山沟。

性状：多年生草本。

分布：南丹。

饲用价值：中。幼嫩植株可作牛、羊饲料。鲜叶粗蛋白质含量约为 4.07%。

腺药豇豆（豇豆）***Vigna adenantha***（G. Meyer）Maréchal & al.

生境：栽培植物。

性状：多年生草本。

分布：南宁。

饲用价值：优。茎叶可作猪、牛、羊饲料。

饭豆（鸟豇豆、眉豆）***Vigna cylindrica***（L.）Skeels

生境：栽培蔬菜作物。

性状：一年生草本。

分布：南宁。

饲用价值：优。幼嫩茎叶可作猪、牛、羊饲料。

贼小豆（山绿豆）***Vigna minima***（Roxb.）Ohwi et Ohashi（***Phaseolus minimus*** Roxb.）

生境：山坡、林边、沟谷灌木丛。

性状：一年生草本。

分布：天峨、那坡、金秀。

饲用价值：良。植株可作牛、羊饲料。

豆角（豇豆）***Vigna sinensis***（L.）Savi ex Hassk.

生境：栽培蔬菜作物。

性状：一年生缠绕草本。

分布：南宁。

饲用价值：优。幼嫩茎叶可作猪、牛、羊饲料。

野豇豆 ***Vigna vexillata***（Linn.）Rich.

生境：路边、草地、山沟。

性状：多年生缠绕草本。

分布：环江、兴宾区。

饲用价值：优。幼嫩植株可作牛、羊饲料。

任木（任豆）*Zenia insignis* Chun

生境：热带、亚热带石灰岩山地的山腰、山脚甚至山崖。

性状：乔木。

分布：大新、靖西、那坡、德保、平果、田东、隆安，都安、巴马、环江。

饲用价值：良。花期 5 月，果期 6 ～ 8 月。幼嫩植株可作牛、羊饲料。

丁葵草（斜对叶、人字草）*Zornia gibbosa* Spanoghe ［*Zornia diphylla*（L.）Pers.］

生境：山坡草地。

性状：多年生草本。

分布：南宁、防城区、兴宾区、东兰。

饲用价值：良。幼嫩茎叶可作牛、羊饲料。

莎草科 Cyperaceae

荆三棱 *Bolboschoenus yagara*（Ohwi）Y. C. Yang & M. Zhan（*Scirpus yagara* Ohwi）

生境：浅水处。

性状：多年生草本。

分布：凤山、象州。

饲用价值：中。幼嫩植株可作牛、羊饲料。

球柱草（油麻草）*Bulbostylis barbata*（Rottb）C. B. Clarke

生境：田边、沙田湿地。

性状：一年生草本。

分布：北海。

饲用价值：低。幼嫩植株可作牛饲料。

灰脉薹草（小齿薹草）*Carex appendiculata*（Trautv.）Kükenth.（*Carex tato* Chang）

生境：河边、沼泽、潮湿沙地。

性状：多年生草本。

分布：融水。

饲用价值：中。幼嫩植株可作牛饲料。

山稗子（浆果薹草）*Carex baccans* Nees

生境：山坡、林边、疏林。
性状：多年生草本。无毛。茎三棱形。
分布：那坡。
饲用价值：中。花期 4 ～ 8 月。幼嫩植株可作牛饲料。

莎薹草 *Carex bohemica* Schreb.
（*Carex cyperoides* Murr. ex L.）

生境：低湿草地。
性状：多年生草本。
分布：北海。
饲用价值：低。幼嫩植株可作牛饲料。

褐果薹草（粟褐薹草、褐薹草）*Carex brunnea* Thunb.

生境：林下、灌木丛、山坡阴处、河边。
性状：多年生草本。
分布：灌阳。
饲用价值：中。幼嫩茎叶可作牛、羊饲料。

十字薹草（油草）*Carex cruciata* Wahlenb.

生境：山坡草地、林下。
性状：多年生草本。
分布：环江。
饲用价值：低。幼嫩植株可作牛、羊饲料。种子可粉碎后作精饲料。

隐穗薹草（茅叶薹草）*Carex cryptostachys* Brongn.

生境：林下、山坡。
性状：多年生草本。
分布：宜州区。
饲用价值：中。幼嫩植株可作牛、羊饲料。

二形鳞薹草 *Carex dimorpholepis* Steud.

生境：山谷草地。

性状：多年生草本。

分布：都安。

饲用价值：中。幼嫩植株可作牛、羊饲料。

穹窿薹草 *Carex gibba* Wahlenb.

生境：山坡草地、田边、路边。

性状：多年生草本。

分布：融水。

饲用价值：低。幼嫩植株可作牛饲料。

大叶薹草（花茎薹草）*Carex scaposa* C. B. Clarke

生境：沙质坡地。

性状：多年生草本。

分布：灌阳。

饲用价值：低。幼嫩植株可作牛饲料。

密穗砖子苗 *Cyperus compactus* Retz.
[*Mariscus compactus*（Retz.）Druce]

生境：水田、沼泽。

性状：多年生草本。

分布：河池。

饲用价值：中。幼嫩植株可作牛、羊饲料。

扁穗莎草 *Cyperus compressus* L.

生境：耕地、路边、田野。

性状：一年生草本。

分布：环江。

饲用价值：中。幼嫩植株可作牛饲料。

长尖莎草 *Cyperus cuspidatus* H. B. K.

生境：河边沙地。

性状：一年生草本。

分布：环江。

饲用价值：中。花期 6 ～ 9 月。幼嫩植株可作牛饲料。

砖子苗（大香附子、耕田草）*Cyperus cyperoides*（L.）Kuntze（*Mariscus umbellatus* Vahl）

生境：山坡向阳处、路边、草地、溪边、松林下。
性状：多年生草本。
分布：荔浦、环江。
饲用价值：低。幼嫩植株可作牛饲料。

异型莎草 *Cyperus difformis* L.

生境：田中、水边。
性状：一年生草本。
分布：隆林、凌云、富川、宜州区、罗城、兴安、阳朔。
饲用价值：中。幼嫩植株可作牛饲料。

头状穗莎草（聚穗莎草、沼莎草）*Cyperus glomeratus* L.

生境：水边、沙土或泥土路边、草丛。
性状：多年生草本。
分布：南丹。
饲用价值：中。幼嫩植株可作牛、羊饲料。

畦畔莎草（畦畔薹草、埃及莎草）*Cyperus haspan* L.

生境：水田、浅水塘中。
性状：一年生或多年生草本。
分布：上思、凌云、兴安、全州。
饲用价值：良。全草可作家畜饲料。

碎米莎草（咸水草、细碎三捻草）*Cyperus iria* L.

生境：田间、山坡、路边。
性状：一年生草本。
分布：南宁、马山、灵山、象州、武宣。
饲用价值：良。幼嫩植株可作牛饲料。

咸草（茳芏、席子草）*Cyperus malaccensis* Lam.

生境：河边、沟边。
性状：多年生草本。

分布：合浦。

饲用价值：低。幼嫩植株可作牛饲料。

旋鳞莎草 ***Cyperus michelianus***（L.）Link
（***Scirpus michelianus*** L.）

生境：田边、路边。

性状：一年生草本。

分布：钦州。

饲用价值：中。幼嫩植株可作牛饲料。

垂穗莎草 ***Cyperus nutans*** Vahl

生境：空旷地、田野。

性状：一年生草本。

分布：东兰。

饲用价值：中。幼嫩植株可作牛、羊饲料。

毛轴莎草（紫穗毛轴莎草）***Cyperus pilosus*** Vahl

生境：田中、田边。

性状：多年生草本。

分布：东兰、宜州区。

饲用价值：中。幼嫩植株可作牛、羊饲料。

白花毛轴莎草 ***Cyperus pilosus*** Vahl var. ***obliquus***（Nees）C. B. Clarke

生境：路边、河边。

性状：多年生草本。

分布：环江。

饲用价值：中。花期 6 ～ 9 月。幼嫩植株可作牛、羊饲料。

莎草（香附子）***Cyperus rotundus*** L.

生境：荒地、耕地、路边、低湿地。

性状：多年生草本。

分布：柳城、柳江区、鹿寨、融水、融安、三江、金城江区、罗城、宜州区、环江、东兰、巴马、凤山、南丹、天峨、都安、大化、兴安、全州、资源、龙胜、灵川、恭城、荔浦、平乐、灌阳、永福、田东、田阳区、平果、凌云、田林、隆林、乐业、德保、南宁、马山、合浦、上思、浦北、灵山、兴宾区、武宣、象州、忻城、金秀、合山、桂平、平南、港北区、富川、八步区、容县、北流、龙州、天等、宁明等。

饲用价值：中。幼嫩植株可作牛饲料。

裂颖茅（小珠茅）*Diplacrum caricinum* R. Br.

生境：水边、低湿地。

性状：一年生草本。

分布：浦北。

饲用价值：中。幼嫩植株可作牛、羊饲料。

夏飘拂草（夏飘拂）*Fimbristylis aestivalis*（Retz.）Vahl

生境：田中、荒地、园地。

性状：一年生草本。

分布：南宁。

饲用价值：低。幼嫩植株可作牛饲料。

复序飘拂草 *Fimbristylis bisumbellata*（Forsk.）Bubani

生境：水边、沙地、山坡、湿地。

性状：一年生草本。

分布：浦北。

饲用价值：低。幼嫩植株可作牛饲料。

扁鞘飘拂草 *Fimbristylis complanata*（Retz.）Link

生境：山谷阴湿处、草地、溪边。

性状：多年生草本。

分布：都安。

饲用价值：中。牛、羊采食幼嫩植株。

二歧飘拂草 *Fimbristylis dichotoma*（L.）Vahl

生境：草地、稻田。

性状：一年生草本。

分布：环江。

饲用价值：中。幼嫩植株可作牛饲料。

拟二叶飘拂草 *Fimbristylis diphylloides* Mainko

生境：路边、田埂、田中、水塘、溪边。

性状：多年生草本。

分布：浦北、灵山。

饲用价值：低。幼嫩植株可作牛饲料。

褐穗飘拂草（片角草）***Fimbristylis fusca*（Nees）Benth. ex C. B. Clarke（*Abildgaardia fusca* Nees；*Fimbristylis cinnamometorum* Hance）**

生境：山顶、山坡、草地。

性状：一年生草本。

分布：南丹、都安、浦北。

饲用价值：低。幼嫩植株可作牛饲料。

水虱草（小粟飘拂草、日照飘拂草）***Fimbristylis littoralis* Grandich［*Fimbristylis miliacea*（L.）Vahl；*Scirpus miliaceus* Linn.］**

生境：水边、田中、路边、草地。

性状：一年生草本。

分布：柳城、柳江区、鹿寨、融水、融安、三江、金城江区、罗城、宜州区、环江、东兰、巴马、凤山、南丹、天峨、都安、大化、兴安、全州、资源、龙胜、灵川、恭城、荔浦、平乐、灌阳、永福、田东、田阳区、平果、凌云、田林、隆林、乐业、德保、南宁、马山、合浦、上思、浦北、灵山、兴宾区、武宣、象州、忻城、金秀、合山、桂平、平南、港北区、富川、八步区、容县、北流、龙州、天等、宁明等。

饲用价值：良。全株可作牛饲料。

垂穗飘拂草 ***Fimbristylis nutans*（Retz.）Vahl**

生境：潮湿处。

性状：多年生草本。

分布：都安。

饲用价值：中。幼嫩植株可作牛、羊饲料。

独穗飘拂草 ***Fimbristylis ovata*（Burm. f.）Kern**

生境：山坡、灌木丛。

性状：多年生草本。

分布：巴马、东兰、环江。

饲用价值：中。幼嫩植株可作牛饲料。

东南飘拂草 ***Fimbristylis pierotii*** Miq.

生境：低湿地。
性状：多年生草本。
分布：北海。
饲用价值：低。幼嫩植株可作牛饲料。

西南飘拂草 ***Fimbristylis thomsonii*** Bocklr.

生境：山谷阴湿处、草地、溪边。
性状：多年生草本。
分布：都安。
饲用价值：中。幼嫩植株可作牛、羊饲料。

紫果蔺（暗紫荸荠）***Heleocharis atropurpurea***（Retz.）Presl

生境：水田、田边、园地。
性状：一年生草本。
分布：合浦。
饲用价值：低。花期 6 ～ 10 月。幼嫩植株可作牛饲料。

牛毛毡 ***Heleocharis yokoscensis***（Franch. et Savat.）Tang et Wang（***Heleocharis acicularis*** auct. fl. sin. non R. Br.）

生境：田边、池塘边、湿黏土中。
性状：多年生草本。
分布：宜州区。
饲用价值：中。花期 4 ～ 11 月。牛、羊采食幼嫩植株。

三捻草（割鸡芒）***Hypolytrum nemorum***（Vahl）Spreng.

生境：林中。
性状：多年生草本。
分布：平南。
饲用价值：低。幼嫩植株可作牛饲料。

水莎草 ***Juncellus serotinus***（Rottb.）C. B. Clarke

生境：浅水边、水中、沙土上。
性状：多年生草本。
分布：合浦。

饲用价值：良。幼嫩植株可作牛饲料。

水蜈蚣（短叶水蜈蚣、金纽子、一箭球）*Kyllinga brevifolia* Rottb.

生境：水边、路边。

性状：多年生草本。

分布：柳城、柳江区、鹿寨、融水、融安、三江、金城江区、罗城、宜州区、环江、东兰、巴马、凤山、南丹、天峨、都安、大化、兴安、全州、资源、龙胜、灵川、恭城、荔浦、平乐、灌阳、永福、田东、田阳区、平果、凌云、田林、隆林、乐业、德保、南宁、马山、合浦、上思、浦北、灵山、兴宾区、武宣、象州、忻城、金秀、合山、桂平、平南、港北区、富川、八步区、容县、北流、龙州、天等、宁明等。

饲用价值：良。幼嫩植株可作牛饲料。

单穗水蜈蚣 *Kyllinga nemoralis*（J. R. Forster & G. Forster）Dandy ex Hutchinson & Dalziel

（*Kyllinga monocephala* Rottb.）

生境：林下、田边、水道。

性状：多年生草本。具匍匐根状茎。秆散生或疏丛生。

分布：都安、东兰、北流。

饲用价值：良。花期 5 ～ 8 月。幼嫩植株可作牛饲料。

鳞籽莎 *Lepidosperma chinense* Nees

生境：山地边、山谷疏林下、路边、溪边。

性状：多年生草本。

分布：来宾。

饲用价值：劣。幼嫩植株可作牛饲料。

短穗石龙刍 *Lepironia mucronata* var. *compressa*（Bocklr.）E.-G. Camus

生境：栽培于池塘。

性状：多年生草本。

分布：钦州。

饲用价值：劣。幼嫩植株可作牛饲料。

球穗扁莎 *Pycreus globosus*（All.）Reichb.

生境：田边、沟边。

性状：一年生草本。

分布：都安。

饲用价值：良。幼嫩植株可作牛、羊饲料。

多枝扁莎（多穗扁莎）*Pycreus polystachyos*（Rottb.）P. Beauv.

生境：田边、山谷、阴湿的沙土或盐沼泽边。

性状：一年生草本。

分布：来宾。

饲用价值：低。幼嫩植株可作牛饲料。

红鳞扁莎 *Pycreus sanguinolentus*（Vahl）Nees

生境：潮湿处。

性状：直立簇生草本。

分布：巴马、融水、象州。

饲用价值：良。幼嫩植株可作牛、羊饲料。

三俭草（伞房刺子莞）*Rhynchospora corymbosa*（L.）Britt.

生境：溪边、山谷湿地。

性状：多年生草本。

分布：凤山。

饲用价值：中。幼嫩植株可作牛、羊饲料。

刺子莞（一包针）*Rhynchospora rubra*（Lour.）Makino

生境：山坡草地、林下、低湿地。

性状：多年生草本。

分布：柳城、柳江区、鹿寨、融水、融安、三江、金城江区、罗城、宜州区、环江、东兰、巴马、凤山、南丹、天峨、都安、大化、兴安、全州、资源、龙胜、灵川、恭城、荔浦、平乐、灌阳、永福、田东、田阳区、平果、凌云、田林、隆林、乐业、德保、南宁、马山、合浦、上思、浦北、灵山、兴宾区、武宣、象州、忻城、金秀、合山、桂平、平南、港北区、富川、八步区、容县、北流、龙州、天等、宁明等。

饲用价值：低。幼嫩植株可作牛饲料。

三棱水葱（藨草、光棍草、三棱草、饭筒草、野荸荠）*Schoenoplectus triqueter*（Linn.）Palla

（*Scirpus triqueter* Linn.）

生境：沟边、河边、池塘边、沼泽、低洼潮湿处。

性状：多年生草本。匍匐根状茎长，直径 1 ~ 5 mm，干时呈红棕色；秆散牛，粗壮，高 20 ~ 90 cm，三棱形。

分布：田林、田阳区、那坡、合山、武宣、忻城、金秀、鹿寨、融安、融水、三江、平南、灵山、合浦。

饲用价值：中。花期 6 ~ 9 月。幼嫩植株可作牛饲料。

猪毛草 *Schoenoplectus wallichii*（Nees）T. Koyama（*Scirpus wallichii* Nees）

生境：稻田、近水处。

性状：一年生或多年生草本。

分布：钦州。

饲用价值：低。幼嫩植株可作牛饲料。

萤蔺（假马蹄、野马蹄草）*Scirpus juncoides*（Roxb.）Palla

生境：田边、溪边、池塘边、沼泽。

性状：多年生草本。

分布：南宁、宜州区、环江、东兰。

饲用价值：中。幼嫩植株可作牛饲料。鲜草粗蛋白质含量约为 3.8%。

细秆藨草 *Scirpus setaceus* L.

生境：岩石缝中、山坡草地。

性状：一年生矮小丛生草本。

分布：梧州。

饲用价值：低。幼嫩植株可作牛、羊饲料。

类头状花序藨草（球花藨草、龙须草）*Scirpus subcapitatus* Thw.

生境：村边、湿地、山溪边、山坡、路边、草丛。

性状：多年生草本。

分布：北海。

饲用价值：低。幼嫩植株可作牛饲料。

铺田蔗草（牛毛草）*Scirpus supinus* L. var. *lateriflorus*（Gmel.）T. Koyama

生境：低湿地。

性状：多年生草本。

分布：上思。

饲用价值：低。幼嫩植株可作牛、羊饲料。

二花珍珠茅 *Scleria biflora* Roxb.

生境：田边、荒地、草地。
性状：一年生草本。
分布：都安。
饲用价值：中。幼嫩植株可作牛饲料。

珍珠茅（旱三棱、毛果珍珠茅）*Scleria levis* Retz.
（*Scleria pubescens* Steud.；*Scleria herbecarpa* Nees）

生境：林下、坡地、灌木丛。
性状：多年生草本。
分布：全州、东兰、环江、武宣、象州。
饲用价值：中。幼嫩植株可作牛饲料。

高秆珍珠茅 *Scleria terrestris*（L.）Fassett

生境：田边、山坡、林下。
性状：多年生草本。
分布：三江。
饲用价值：中。幼嫩植株可作牛饲料。

方格珍珠茅（网果珍珠茅）*Scleria tessellata* Willd.

生境：田边、山坡草地、林下。
性状：多年生草本。没有根状茎，具须根。秆接近丛生，纤细，三棱形，高 30 ～ 40 cm。
分布：三江、兴宾区。
饲用价值：中。花期 8 ～ 9 月。幼嫩植株可作牛饲料。

三棱针蔺（三棱杆藨草）*Trichophorum mattfeldianum*（Kukenthal）S. Yun Liang
（*Scirpus mattfeldianus* Kükenth.）

生境：林边湿地。
性状：多年生草本。根状茎短木质。秆密丛生，明显三棱形。
分布：梧州。
饲用价值：中。花期 4 ～ 5 月。幼嫩植株可作牛、羊饲料。

菊 科 Compositae

云南蓍（飞天蜈蚣、野一枝蒿、蓍草）*Achillea wilsoniana* Heimerl ex Hand.-Mazz.

生境：栽培植物，或为野生。

性状：多年生直立草本。

分布：融安、兴宾区、南宁。

饲用价值：劣。

破坏草（紫茎泽兰）*Ageratina adenophora*（Spreng.）R. M. King et H. Rob.（*Eupatorium adenophora* Spreng.）

生境：路边、荒地。

性状：多年生草本。

分布：钦州、北海、梧州、百色、柳州、来宾、河池、桂林。

饲用价值：低。是一种重要的检疫性有害生物，是中国遭受外来物种入侵的典型例子。原产于墨西哥，自19世纪作为一种观赏植物在世界各地引种后，因繁殖力强，已成为全球性的入侵物种。在2003年由中国国家环保总局和中国科学院发布的《中国外来入侵物种名单（第一批）》中名列第一位。

胜红蓟（鱼草、鱼花草、藿香蓟、白花草）*Ageratum conyzoides* L.

生境：路边、荒地。

性状：一年生草本。

分布：南宁、龙胜、合山、象州、兴宾区、忻城、三江、融水、东兰、巴马、南丹、合浦、上思。

饲用价值：中。幼嫩植株可作牛、羊、鱼饲料。

披针叶兔耳风 *Ainsliaea lancifolia* Franch.

生境：山坡、林下、灌木丛阴湿处。

性状：多年生草本。

分布：象州。

饲用价值：低。牛、羊采食嫩叶。

山黄菊（旱山菊）*Anisopappus chinensis*（L.）Hook. et Arn.

生境：路边、荒地。

性状：多年生草本。

分布：东兰、天峨、上思。

饲用价值：中。牛、羊采食幼嫩茎叶。花有小毒。

黄花蒿（草蒿）*Artemisia annua* L.

生境：旷野、坡地、沟边、田间等。

性状：一年生草本。

分布：北海、上思、金秀、巴马、平乐、兴安。

饲用价值：良。幼嫩茎叶可作猪、牛、羊饲料。

艾（祈艾）*Artemisia argyi* Lévl. et Van.

生境：山坡草地。

性状：多年生草本。

分布：南丹、融水。

饲用价值：中。幼嫩植株可作牛、羊、马饲料。

茵陈蒿（扫把艾）*Artemisia capillaris* Thunb.

生境：山坡草地、河边、旷野。

性状：多年生草本。

分布：兴安。

饲用价值：低。牛、羊采食幼嫩茎叶。

青蒿（细叶蒿）*Artemisia caruifolia* Buch.-Ham. ex Roxb.（*Artemisia apiacea* Hance）

生境：河边沙地、山谷、林边、路边等。

性状：柔弱直立草本。

分布：柳城、柳江区、鹿寨、融水、融安、三江、金城江区、罗城、宜州区、环江、东兰、巴马、凤山、南丹、天峨、都安、大化、兴安、全州、资源、龙胜、灵川、恭城、荔浦、平乐、灌阳、永福、田东、田阳区、平果、凌云、田林、隆林、乐业、德保、南宁、马山、合浦、上思、浦北、灵山、兴宾区、武宣、象州、忻城、金秀、合山、桂平、平南、港北区、富川、八步区、容县、北流、龙州、天等、宁明等。

饲用价值：良。牛、羊采食幼嫩植株。

五月艾 *Artemisia dubia* var. *acuminata* Pamp.（*Artemisia indica* Willd.）

生境：山坡草地、路边、荒地。

性状：多年生草本。

分布：凌云。

饲用价值：中。嫩叶可作山羊饲料。

牡蒿（假柴胡、齐头蒿、土柴胡）*Artemisia japonica* Thunb.

生境：路边、山坡荒地、田边、林边、林下、灌木丛等。

性状：多年生草本。

分布：柳城、柳江区、鹿寨、融水、融安、三江、金城江区、罗城、宜州区、环江、东兰、巴马、凤山、南丹、天峨、都安、大化、兴安、全州、资源、龙胜、灵川、恭城、荔浦、平乐、灌阳、永福、田东、田阳区、平果、凌云、田林、隆林、乐业、德保、南宁、马山、合浦、上思、浦北、灵山、兴宾区、武宣、象州、忻城、金秀、合山、桂平、平南、港北区、富川、八步区、容县、北流、龙州、天等、宁明等。

饲用价值：优。全株可作牛、马饲料，籽实适口性优。

白苞蒿（白花蒿、甜子菜、甜艾、刘寄奴、鸭脚菜）*Artemisia lactiflora* Wall. ex DC.

生境：路边、村边、山坡潮湿处。

性状：多年生草本。

分布：南丹、兴宾区。

饲用价值：中。幼嫩植株可作猪、牛饲料。

野艾蒿（野艾、小野艾、苦艾）*Artemisia lavandulaefolia* DC.

生境：山坡草地、山谷、灌木丛、路边、田边。

性状：多年生草本。

分布：东兰、桂平。

饲用价值：中。幼嫩茎叶可作猪、羊饲料。

艾叶（端午艾、魁蒿）*Artemisia princeps* Pamp.

生境：路边、山坡、灌木丛、林边、沟边。

性状：多年生草本。

分布：合山、融水、钦州。

饲用价值：中。花期 7 ～ 11 月。幼嫩植株可作猪、牛饲料。

蒌蒿（芦蒿、黎蒿、水蒿、水艾）*Artemisia selengensis* Turcz. ex Bess.

生境：沙质草地。

性状：多年生草本。

分布：巴马、融水。

饲用价值：中。幼嫩植株可作牛饲料。

北艾（野艾、白蒿、艾蒿、艾绒、北艾细、叶艾、细叶蒿、野蒿）*Artemisia vulgaris* L.

生境：路边、沟边、山坡。

性状：多年生直立草本。

分布：柳城、柳江区、鹿寨、融水、融安、三江、金城江区、罗城、宜州区、环江、东兰、巴马、凤山、南丹、天峨、都安、大化、兴安、全州、资源、龙胜、灵川、恭城、荔浦、平乐、灌阳、永福、田东、田阳区、平果、凌云、田林、隆林、乐业、德保、南宁、马山、合浦、上思、浦北、灵山、兴宾区、武宣、象州、忻城、金秀、合山、桂平、平南、港北区、富川、八步区、容县、北流、龙州、天等、宁明等。

饲用价值：良。幼嫩茎叶可作牛、羊、马饲料。

短舌紫菀（广州紫菀）*Aster sampsonii*（Hance）Hemsl.

生境：山坡、路边。

性状：直立草本。

分布：北海。

饲用价值：低。幼嫩茎叶可作牛、羊饲料。

东风菜（土苍术）*Aster scaber* Thunb.
［*Doellingeria scaber*（Thunb.）Nees］

生境：山谷坡地、草地、灌木丛。

性状：多年生直立草本。

分布：南宁、兴安。

饲用价值：优。地上部分可作猪饲料。

三脉紫菀（鸡儿肠、野白菊花、山白菊）*Aster trinervius* subsp. *ageratoides*（Turczaninow）Grierson
（*Aster ageratoides* Turcz.）

生境：山坡草地、路边。

性状：多年生草本。

分布：东兰。

饲用价值：优。嫩叶可作猪、牛、羊、马饲料。

雏菊 ***Bellis perennis*** L.

生境：栽培作物，或为野生。

性状：一年生或多年生藤状草本。

分布：钦州。

饲用价值：中。幼嫩茎叶可作猪、牛饲料。

婆婆针（刺针草）***Bidens bipinnata*** L.

生境：荒地、山坡、林下、路边、庭园边。

性状：一年生草本。

分布：柳城、柳江区、鹿寨、融水、融安、三江、金城江区、罗城、宜州区、环江、东兰、巴马、凤山、南丹、天峨、都安、大化、兴安、全州、资源、龙胜、灵川、恭城、荔浦、平乐、灌阳、永福、田东、田阳区、平果、凌云、田林、隆林、乐业、德保、南宁、马山、合浦、上思、浦北、灵山、兴宾区、武宣、象州、忻城、金秀、合山、桂平、平南、港北区、富川、八步区、容县、北流、龙州、天等、宁明等。

饲用价值：良。幼嫩茎叶可作猪、牛、兔饲料。成熟后果实对绵羊有害。

鬼针草（一包针、三叶婆婆针、虾钳草、三叶鬼针草、白花鬼针草）***Bidens pilosa*** L.

生境：山坡、荒地、林下、庭园边。

性状：一年生草本。

分布：柳城、柳江区、鹿寨、融水、融安、三江、金城江区、罗城、宜州区、环江、东兰、巴马、凤山、南丹、天峨、都安、大化、兴安、灵川、恭城、荔浦、平乐、灌阳、永福、田东、田阳区、平果、凌云、田林、隆林、乐业、德保、南宁、马山、合浦、上思、浦北、灵山、兴宾区、武宣、象州、忻城、合山、桂平、平南、港北区、富川、八步区、容县、北流、龙州、天等、宁明等。

饲用价值：优。猪、牛、羊、兔喜食幼嫩茎叶。成熟后果实对绵羊有害。生物入侵物种，现于全国都有分布，危害草地严重。

大艾（艾纳香、大风艾）***Blumea balsamifera***（L.）DC.

生境：路边、庭园边、田边。

性状：多年生草本。

分布：马山、合山、兴宾区、融安、防城区、合浦。

饲用价值：中。幼嫩茎叶可作猪、牛、山羊饲料。

见霜黄 *Blumea lacera*（Burm. f.）DC.

生境：荒地、山坡、路边、林下。
性状：一年生草本。
分布：南宁。
饲用价值：低。幼嫩植株可作牛、羊饲料。

假东风草（中华艾纳香）*Blumea riparia*（Bl.）DC.［*Blumea pubigera*（L.）Merr.］

生境：山坡草地、路边。
性状：多年生草本。
分布：都安。
饲用价值：中。嫩叶可作牛、羊饲料。

天名精（天蔓青）*Carpesium abrotanoides* L.

生境：山坡草地。
性状：粗壮草本。
分布：巴马、东兰。
饲用价值：中。幼嫩植株可作牛、羊饲料。

金挖耳 *Carpesium divaricatum* Sieb. et Zucc.

生境：山坡、林下、旷野、路边草丛。
性状：多年生草本。
分布：北海。
饲用价值：中。幼嫩植株可作猪、牛、羊饲料。

鹅不食（石胡荽、球子草）*Centipeda minima*（L.）A. Br. et Aschers.

生境：荒野、路边、阴湿处。
性状：一年生草本。
分布：南宁、武宣、三江、环江。
饲用价值：劣。

飞机草（香泽兰）*Chromolaena odorata*（Linnaeus）R. M. King & H. Robinson（*Eupatorium odoratum* L.）

生境：山坡、旷野、村边、路边草坡。

性状：多年生高大草本。

分布：合浦、防城区。

饲用价值：低。嫩叶可作牛、羊饲料。全株有小毒，不能饲喂过多。原产于中美洲，20 世纪 20 年代作为一种香料植物引种至泰国栽培，1934 年在我国云南南部被发现，现分布于我国台湾、广东、香港、澳门、海南、广西、云南、贵州。全球性入侵物种。繁殖力极强，是一种具有竞争性的有害物种，2003 年已被列入《中国外来入侵物种名单（第一批）》。

野菊（野黄菊）*Chrysanthemum indicum* L. [*Dendranthema indicum*（L.）Des Moul.]

生境：山坡、路边。

性状：多年生草本。

分布：兴安、荔浦。

饲用价值：中。幼嫩茎叶可作猪、牛饲料。

刺儿菜 *Cirsium arvense* var. *integrifolium* C. Wimm. et Grabowski [*Cephalonoplos segetum*（Bunge）Kitam.]

生境：山坡、路边。

性状：多年生草本。根状茎长，茎高 20 ～ 50 cm。

分布：钦州。

饲用价值：中。花期 5 ～ 9 月。牛、羊采食茎叶。

小蓟（绿蓟、小叶老虎蓟、华蓟）*Cirsium chinense* Gardn. et Champ.

生境：山坡、路边向阳处。

性状：多年生草本。

分布：防城区、武宣、兴宾区。

饲用价值：中。幼嫩茎叶可作蔬菜，也可作猪饲料。

大蓟（蓟、老虎蓟、山萝卜）*Cirsium japonicum* Fisch. ex DC.

生境：山坡、路边向阳处。

性状：多年生草本。

分布：南宁、融水、兴宾区、东兰、环江、南丹、浦北。

饲用价值：优。根含淀粉。幼嫩茎叶可作猪饲料。老植株有害。

香丝草（香丝子、蓑衣草、野地黄菊、野塘蒿）*Conyza bonariensis*（Linn.）Cronq.

［*Erigeron bonariensis* L.；*Conyza crispa*（Pourr.）Ruprecht；*Erigeron crispus* Pourr.］

生境：开阔草地、宅边。

性状：多年生草本。

分布：巴马、东兰。

饲用价值：优。嫩叶可作猪、牛、羊饲料。

小蓬草（小飞蓬、加拿大蓬、柳叶艾）*Conyza canadensis*（L.）Cronq.

（*Erigeron canadensis* L.）

生境：路边、山坡、荒地、耕地、庭园边、林下。

性状：一年生草本。

分布：柳城、柳江区、鹿寨、融水、融安、三江、金城江区、罗城、宜州区、环江、东兰、巴马、凤山、南丹、天峨、都安、大化、兴安、全州、资源、龙胜、灵川、恭城、荔浦、平乐、灌阳、永福、田东、田阳区、平果、凌云、田林、隆林、乐业、德保、南宁、马山、合浦、上思、浦北、灵山、兴宾区、武宣、象州、忻城、金秀、合山、桂平、平南、港北区、富川、八步区、容县、北流、龙州、天等、宁明等。

饲用价值：良。幼嫩茎叶可作猪、牛饲料。已被列入《中国外来入侵物种名单（第三批）》。

革命菜（野茼蒿）*Crassocephalum crepidioides*（Benth.）S. Moore

（*Gynura crepidioidas* Benth.）

生境：荒地、林下、地边、路边、庭园边。

性状：一年生直立草本。

分布：南宁、马山、龙胜、博白、合山、武宣、兴宾区、融水、东兰、环江、巴马、北海。

饲用价值：优。地上部分可作猪、牛饲料。

旱蓬草（墨菜、鳢肠草）*Eclipta alba*（L.）Hassk.

生境：水田、池塘、溪边湿地。

性状：一年生草本。

分布：巴马、东兰。

饲用价值：优。幼嫩植株可作牛、羊、马饲料。

鳢肠（黑墨草）*Eclipta prostrasta*（L.）L.

生境：水田、潮湿处。

性状：一年生草本。

分布：桂平、平南、武宣、忻城、三江、灵山、北海、合浦。

饲用价值：优。幼嫩植株可作牛、羊饲料。

地胆草（草鞋根、毛儿细辛）*Elephantopus scaber* L.

生境：耕地、荒地、山坡、林下、路边、庭园。

性状：多年生草本。

分布：柳城、柳江区、鹿寨、融水、融安、三江、金城江区、罗城、宜州区、环江、东兰、巴马、凤山、南丹、天峨、都安、大化、兴安、全州、资源、龙胜、灵川、恭城、荔浦、平乐、灌阳、永福、田东、田阳区、平果、凌云、田林、隆林、乐业、德保、南宁、马山、合浦、上思、浦北、灵山、兴宾区、武宣、象州、忻城、金秀、合山、桂平、平南、港北区、富川、八步区、容县、北流、龙州、天等、宁明等。

饲用价值：劣。

一点红（红背草、野芥蓝）*Emilia sonchifolia*（L.）DC.

生境：荒地、耕地、庭园边、路边。

性状：一年生草本。

分布：柳城、柳江区、鹿寨、融水、融安、三江、金城江区、罗城、宜州区、环江、东兰、巴马、凤山、南丹、天峨、都安、大化、兴安、全州、资源、龙胜、灵川、恭城、荔浦、平乐、灌阳、永福、田东、田阳区、平果、凌云、田林、隆林、乐业、德保、南宁、马山、合浦、上思、浦北、灵山、兴宾区、武宣、象州、忻城、金秀、合山、桂平、平南、港北区、富川、八步区、容县、北流、龙州、天等、宁明等。

饲用价值：优。全株可作猪、牛饲料。

鹅不食草（拳头菊、球菊、苡芭菊）*Epaltes australis* Less.

生境：低湿地、庭园边。

性状：一年生草本。

分布：桂南地区、桂西地区。标本采集于上思、合浦、钦州、德保。

饲用价值：低。牛、羊微食幼嫩植株。

大泽兰（六月霜、兰草、华泽兰）*Eupatorium chinense* L.

生境：荒地、旷野。

性状：多年生直立半灌木状草本。

分布：全州、金城江区、凤山、防城区。

饲用价值：中。幼嫩茎叶可作猪、牛、羊饲料。

佩兰（兰草、水泽兰、老山茶）*Eupatorium fortunei* Turcz.（*Eupatorium stoechadosmum* Hance）

生境：山坡、潮湿处、旷野。
性状：多年生草本。
分布：防城区。
饲用价值：低。幼嫩植株可作牛、羊饲料。

泽兰 *Eupatorium japonicum* Thunb.

生境：低中山或丘陵的山坡草地、潮湿处、河边。
性状：多年生草本。
分布：钦州。
饲用价值：中。幼嫩植株可作牛、羊饲料。

白背大丁草 *Gerbera nivea*（DC.）Sch.-Bip.

生境：山坡草地、林边。
性状：多年生草本。
分布：浦北。
饲用价值：低。花期 8 ～ 9 月。牛、羊采食嫩叶。

毛大丁草（一柱香、白眉）*Gerbera piloselloides*（Linn.）Cass.

生境：山坡草地、林边。
性状：多年生草本。
分布：浦北。
饲用价值：中。花期 2 ～ 5 月及 8 ～ 12 月。幼嫩植株可作牛、羊饲料。

茼蒿 *Glebionis segetum*（L.）Fourreau（*Chrysanthemum coronarium* L.；*Chrysanthemum spatiosum* Bailey）

生境：栽培蔬菜作物。
性状：一年生草本。
分布：南宁、武宣。
饲用价值：中。全株可作猪饲料。

秋鼠麹草（山艾）*Gnaphalium hypoleucum* DC.

生境：山坡草地、灌木丛。
性状：草本。

分布：灌阳、东兰。

饲用价值：优。地上部分可作猪、牛饲料。

细叶湿鼠曲草（细叶鼠麹草、细叶鼠曲草、天青地白）*Gnaphalium japonicum* Thunb.

（***Gnaphalium japonicum*** var. ***sciadophora*** F. Muell.）

生境：山坡、路边、草坡、旱地。

性状：一年生草本。

分布：凌云、武宣、象州、融水、融安。

饲用价值：优。地上部分可作家畜饲料。

红背菜（紫背菜、红凤菜、白背三七、金枇杷、玉枇杷、红菜）*Gynura bicolor*（Roxburgh ex Willdenow）DC.

生境：林下、岩石缝中、河边湿地。

性状：多年生草本。高 50 ～ 100 cm。

分布：融水。

饲用价值：优。花果期 5 ～ 10 月。幼嫩茎叶可作猪、牛、羊饲料。

向日葵（朝阳花）*Helianthus annuus* L.

生境：栽培作物。

性状：一年生草本。

分布：南宁。

饲用价值：低。嫩叶可作猪饲料。

泥胡菜 *Hemistepta lyrata*（Bunge）Bunge

生境：山坡、路边。

性状：越年生草本。

分布：巴马、南丹、象州、武宣、融水。

饲用价值：优。幼嫩茎叶可作牛饲料。

羊耳菊（白牛胆、大力王）*Inula cappa*（Buch.-Ham.）DC.

生境：山坡、路边、河边、灌木丛、草丛。

性状：多年生草本。

分布：全州、灌阳、兴安、龙胜、平南、北流、合山、兴宾区、武宣、金秀、鹿寨、三江、融水、融安、环江、凤山、南丹、天峨、防城区、上思、灵山、浦北。

饲用价值：对牛较低，对羊为良。

旋覆花 ***Inula japonica*** Thunb.

生境：山坡、路边、湿润草地、河边、田埂。

性状：多年生草本。

分布：龙胜。

饲用价值：优。花期 6 ~ 10 月。幼嫩茎叶可作牛饲料。

山苦荬 ***Ixeris chinensis***（Thunb.）Nak.

生境：山坡草地、荒地、林下。

性状：草本。

分布：融水、兴安。

饲用价值：优。幼嫩植株可作猪、牛饲料。

野苦荬菜 ***Ixeris denticulata***（Houtt.）Stebb.

生境：山坡草地、荒地、林下。

性状：草本。

分布：钦州、贵港、兴宾区、融安、融水。

饲用价值：优。嫩叶可作猪、牛饲料。

路边菊（马兰、田边菊、红管药、紫菊、马兰菊、蓑衣莲）***Kalimeris indica***（L.）Sch.-Bip.

（***Asteromaea indica*** BL.；***Aster indicus*** L.；***Boltonia indica*** Benth.）

生境：荒地、林下、路边、田边、庭园边。

性状：多年生草本。

分布：柳城、柳江区、鹿寨、融水、融安、三江、金城江区、罗城、宜州区、环江、东兰、巴马、凤山、南丹、天峨、都安、大化、兴安、全州、资源、龙胜、灵川、恭城、荔浦、平乐、灌阳、永福、田东、田阳区、平果、凌云、田林、隆林、乐业、德保、南宁、马山、合浦、上思、防城区、浦北、灵山、兴宾区、武宣、象州、忻城、金秀、合山、桂平、平南、港北区、富川、八步区、容县、北流、龙州、天等、宁明等。

饲用价值：中。嫩叶可作牛、羊饲料。

翅果菊（山莴苣、野生菜）***Lactuca indica*** L.

［***Pterocypsela indica***（L.）Shih.］

生境：山坡草地、林下。

性状：直立草本。

分布：龙州、凌云、乐业、贵港。

饲用价值：优。地上部分可作猪、牛饲料。

莴苣（生菜）***Lactuca sativa*** L.

生境：栽培蔬菜作物。

性状：一年生草本。

分布：南宁。

饲用价值：优。全株可作猪、牛饲料，叶可作兔饲料。

莴苣笋 ***Lactuca sativa*** L. var. ***asparagina*** Bailey

生境：栽培蔬菜作物。

性状：一年生草本。

分布：南宁。

饲用价值：优。全株可作猪、牛饲料，叶可作兔饲料。

玻璃生菜（皱叶莴苣）***Lactuca sativa*** L. var. ***crispa*** L.

生境：栽培蔬菜作物。

性状：一年生或越年生草本。

分布：南宁。

饲用价值：优。全株可作猪、牛饲料，叶可作兔饲料。

山苦菜 ***Lactuca sibirica***（L.）Benth. ex Maxim.
[***Mulgedium sibiricum***（L.）Cass. ex Less.]

生境：草地、林边。

性状：直立草本。

分布：河池。

饲用价值：中。幼嫩植株可作猪、山羊饲料。

六棱菊（奥灵丹、六耳棱）***Laggera alata***（D. Don）Sch.-Bip. ex Oliv.

生境：山坡、路边。

性状：多年生粗壮草本。

分布：河池、灵山。

饲用价值：良。幼嫩植株可作牛、羊饲料。

光栓果菊（光茎栓果菊、土蒲公英）*Launaea acaulis*（Roxb.）Babcock ex Kerr.

生境：山坡草地、路边、林下。

性状：直立草本。

分布：防城区。

饲用价值：中。幼嫩植株可作牛、羊饲料。

粉背谷芊草 *Pentanema indicum*（L.）Ling var. *hypoleucum*（H.-M.）Ling

生境：山坡草地。

性状：直立草本。

分布：都安。

饲用价值：中。幼嫩植株可作牛、羊饲料。

鼠曲草（鼠麹草、拟鼠麹草、白头翁）*Pseudognaphalium affine*（D. Don）Anderb.

（*Gnaphalium multiceps* Wall.；*Gnaphalium affine* D. Don）

生境：丘陵的山坡草地、河滩、沟边、路边、田埂、林边、林下、无积水的田中。

性状：一年生草本。茎直立或基部发出的枝下部斜升，高 10 ～ 40 cm 或更高。

分布：南宁、桂林、河池、南丹、百色、象州、兴宾区、武宣、三江、融水、平南、上思。

饲用价值：优。花期 1 ～ 4 月及 8 ～ 11 月。地上部分可作猪、牛饲料。

金光菊（太阳花、假向日葵）*Rudbeckia laciniata* L.

生境：栽培绿化花卉。

性状：直立草本。

分布：上思。

饲用价值：低。幼嫩茎叶可作羊饲料。

千里光（九里明）*Senecio scandens* Buch.-Ham. ex D. Don

生境：林下、路边、庭园边。

性状：多年生攀缘草本。

分布：柳城、柳江区、鹿寨、融水、融安、三江、金城江区、罗城、宜州区、环江、东兰、巴马、凤山、南丹、天峨、都安、大化、兴安、全州、资源、龙胜、灵川、恭城、荔浦、平乐、灌阳、永福、田东、田阳区、平果、凌云、田林、隆林、乐业、德保、南宁、马山、合浦、上思、浦北、灵山、兴宾区、武宣、象州、忻城、金秀、合山、桂平、平南、港北区、富川、八步区、容县、北流、龙州、天等、宁明等。

饲用价值：优。幼嫩茎叶可作牛、羊、兔饲料。

稀签 *Siegesbeckia orientalis* L.

生境：山坡草地、耕地。
性状：一年生分枝草本。
分布：桂平、合浦。
饲用价值：中。幼嫩植株可作牛、羊饲料。

一枝黄花（蛇头黄、一朵云）*Solidago decurrens* Lour.
（*Solidago virgaurea* L.）

生境：山坡、路边、草丛。
性状：多年生草本。
分布：柳城、柳江区、鹿寨、融水、融安、三江、金城江区、罗城、宜州区、环江、东兰、巴马、凤山、南丹、天峨、都安、大化、兴安、灵川、恭城、荔浦、平乐、灌阳、永福、田东、田阳区、平果、凌云、田林、隆林、乐业、德保、南宁、马山、合浦、上思、浦北、灵山、兴宾区、武宣、象州、忻城、合山、桂平、平南、港北区、富川、八步区、容县、北流、龙州、天等。
饲用价值：良。牛、羊采食幼嫩茎叶。

苦苣菜（苦卖）*Sonchus oleraceus* L.

生境：栽培蔬菜作物。
性状：二年生草本。
分布：南宁、南丹、巴马。
饲用价值：优。全株可作猪、牛、兔及禽类饲料。

苣荬菜（野苦卖）*Sonchus wightianus* DC.
（*Sonchus arvensis* L.）

生境：山坡草地、林下、耕地、村边、河边等湿润处。
性状：多年生直立草本。
分布：南宁、东兰、巴马、环江。
饲用价值：优。全株可作猪、牛、兔饲料。

蟛蜞菊 *Sphagneticola calendulacea*（Linnaeus）Pruski

［*Wedelia chinensis*（Osbeck.）Merr.；*Solidago chinensis* Osbeck；*Wedelia calendulacea*（L.）Less.］

生境：山坡草地、路边草丛、水沟、田边、山沟、湿润草地。

性状：多年生草本。茎匍匐。

分布：南宁、百色、柳州、钦州、北海。

饲用价值：良。花期 3 ～ 10 月。牛、羊采食幼嫩茎叶。非常滥生，较其他饲草具有更强的竞争力。

蒲公英 *Taraxacum mongolicum* H.-M.

生境：栽培作物。

性状：多年生草本。

分布：灵山、博白、北流、平南、南丹。

饲用价值：良。幼嫩茎叶可作猪、牛、羊饲料。

白缘蒲公英 *Taraxacum platypecidum* Diels

生境：山坡草地、路边。

性状：多年生草本。

分布：合浦。

饲用价值：良。幼嫩茎叶可作猪、牛、羊饲料。

金银盘（碱菀、金盏菜、铁杆蒿、竹叶菊）*Tripolium pannonicum*（Jacq.）Dobroczajeva（*Aster tripolium* L.）

生境：潮湿处。

性状：一年生草本。

分布：河池。

饲用价值：优。嫩叶可作牛、羊饲料。

夜香牛（斑鸠菊、寄色草、伤寒草）*Vernonia cinerea*（L.）Less.

生境：山坡草地、路边草丛。

性状：一年生草本。

分布：全州、合浦。

饲用价值：中。牛、羊采食幼嫩茎叶。

狗仔花（展叶斑鸠菊）*Vernonia patula*（Dryand.）Merr.

生境：林边、路边草地。

性状：一年生直立草本。

分布：平南、南宁、宁明、龙州、巴马。

饲用价值：中。幼嫩茎叶可作牛、羊饲料。

柳叶斑鸠菊 *Vernonia saligna*（Wall.）DC.

生境：田野、路边。
性状：多年生草本。
分布：东兰。
饲用价值：中。幼嫩茎叶可作牛、羊饲料，山羊喜食全株。

苍耳 *Xanthium strumarium* L.
（*Xanthium sibiricum* Patr. ex Widder）

生境：山坡、荒地、路边、林下、庭园边等。
性状：一年生粗壮草本。
分布：柳城、柳江区、鹿寨、融水、融安、三江、金城江区、罗城、宜州区、环江、东兰、巴马、凤山、南丹、天峨、都安、大化、兴安、全州、资源、龙胜、灵川、恭城、荔浦、平乐、灌阳、永福、田东、田阳区、平果、凌云、田林、隆林、乐业、德保、南宁、马山、合浦、上思、浦北、灵山、兴宾区、武宣、象州、忻城、金秀、合山、桂平、平南、港北区、富川、八步区、容县、北流、龙州、天等、宁明等。
饲用价值：中。幼嫩茎叶可作猪、牛、羊饲料。全株有微毒。

黄鹌菜（黄鸡婆）*Youngia japonica*（L.）DC.
[*Crepis japonica*（L.）Bth.]

生境：荒地、路边、山坡。
性状：多年生草本。
分布：南丹、东兰、巴马。
饲用价值：优。幼嫩植株可作猪、牛、羊饲料。

大戟科 Euphorbiaceae

铁苋菜（叶里含珠、海蚌含珠、人苋）*Acalypha australis* L.

生境：潮湿处、荒地、路边。
性状：一年生草本。
分布：防城区。
饲用价值：低。幼嫩茎叶可作牛饲料。

红帽顶（红背叶、红背山麻杆、红背娘）*Alchornea trewioides*（Benth.）Muell. Arg.

生境：路边、灌木丛、林下。

性状：灌木。

分布：柳城、柳江区、鹿寨、融水、融安、三江、金城江区、罗城、宜州区、环江、东兰、巴马、凤山、南丹、天峨、都安、大化、兴安、灵川、恭城、荔浦、平乐、灌阳、永福、田东、田阳区、平果、凌云、田林、隆林、乐业、德保、南宁、马山、合浦、上思、浦北、灵山、兴宾区、武宣、象州、忻城、金秀、合山、桂平、平南、港北区、富川、八步区、容县、北流、龙州、天等、宁明等。

饲用价值：良。幼嫩茎叶可作牛、羊饲料。

银柴（大沙叶、厚皮稔）*Aporosa dioica*（Roxburgh）Muller Argoviensis.
[*Aporosa chinensis*（Champ. ex Benth.）Merr.]

生境：林下。

性状：乔木或灌木。

分布：浦北。

饲用价值：中。嫩叶可作牛、羊饲料。

秋枫（大果重阳木、常绿重阳木）*Bischofia javanica* Bl.

生境：林中空地或干燥处。

性状：乔木。

分布：东兰、合浦。

饲用价值：低。嫩叶可作牛、羊饲料。

青凡木（黑面神、鬼划符、黑面叶）*Breynia fruticosa*（L.）Hook. f.

生境：山坡、林下、路边。

性状：小灌木。

分布：柳城、柳江区、鹿寨、融水、融安、三江、金城江区、罗城、宜州区、环江、东兰、巴马、凤山、南丹、天峨、都安、大化、兴安、全州、资源、龙胜、灵川、恭城、荔浦、平乐、灌阳、永福、田东、田阳区、平果、凌云、田林、西林、隆林、乐业、德保、南宁、马山、合浦、上思、浦北、灵山、兴宾区、武宣、象州、忻城、金秀、合山、桂平、平南、港北区、富川、八步区、容县、博白、北流、天等、宁明等。

饲用价值：中。嫩叶可作牛、羊饲料。

土密树（逼迫子）***Bridelia monoica***（Lour.）Merr.

生境：疏林下、灌木丛。

性状：直立灌木。

分布：合浦。

饲用价值：低。嫩叶可作牛、羊饲料。

肥牛树 ***Cephalomappa sinensis***（Chun et How）Kosterm.（***Muricococcum sinense*** Chun et F. C. How）

生境：石灰岩地区。

性状：乔木。高达 25 m。

分布：天等、大新、龙州、宁明、隆安、德保、靖西、右江区、田林、上思等。

饲用价值：优。花期 3 ～ 4 月，果期 5 ～ 7 月。叶可作牛、羊饲料，营养价值高。

鸡骨香（鸡骨草）***Croton crassifolius*** Geisel.

生境：空旷荒地。

性状：小灌木。

分布：合浦。

饲用价值：低。嫩叶可作牛、羊饲料。

毛果巴豆 ***Croton lachnocarpus*** Benth.

生境：山坡灌木丛。

性状：灌木。

分布：都安。

饲用价值：中。嫩叶可作牛、羊饲料。

巴豆（大叶双眼龙、八百力）***Croton tiglium*** L.

生境：野生，或为栽培植物。

性状：灌木或小乔木。

分布：融安、防城区。

饲用价值：低。嫩叶可作牛、羊饲料。全株有小毒，不宜多饲喂。

乳浆大戟 ***Euphorbia esula*** L.

生境：荒地、耕地、路边、庭园边、林下、山坡草地。

性状：多年生草本。根圆柱状，长 20 cm 以上。

分布：南宁、防城区、北海、兴安、全州、博白、陆川、鹿寨、三江、兴宾区、武宣、金秀、巴马、河池、都安、天峨。

饲用价值：中。花果期 4～10 月。幼嫩茎叶可作猪、牛饲料。

狼毒大戟（狼毒）*Euphorbia fischeriana* Steud.

生境：山坡草地、路边。

性状：多年生草本。

分布：龙胜。

饲用价值：低。花果期 5～7 月。幼嫩植株可作羊饲料。根有毒。

飞扬草（大飞扬、奶母草、奶汁草）*Euphorbia hirta* L.

生境：荒地、耕地、路边、庭园边。

性状：一年生草本。

分布：柳城、柳江区、鹿寨、融水、融安、三江、金城江区、罗城、宜州区、环江、东兰、巴马、凤山、南丹、天峨、都安、大化、兴安、全州、资源、龙胜、灵川、恭城、荔浦、平乐、灌阳、永福、田东、田阳区、平果、凌云、田林、西林、隆林、乐业、德保、南宁、马山、合浦、上思、浦北、灵山、兴宾区、武宣、象州、忻城、金秀、合山、桂平、平南、港北区、富川、八步区、容县、博白、北流、天等、宁明等。

饲用价值：中。幼嫩茎叶可作猪、牛饲料。全株有小毒。

南大戟（上莲下柳、铁挂牌）*Euphorbia jolkinii* Boiss.

生境：山坡草地、路边。

性状：多年生草本。

分布：全州。

饲用价值：良。幼嫩植株可作牛、羊饲料。

金刚纂（火映筋、霸王鞭、龙骨树、羊不挨）*Euphorbia neriifolia* L.

生境：栽培作物。

性状：灌木。

分布：防城区。

饲用价值：劣。全株有小毒。

大戟（残虫草、猫眼草）*Euphorbia pekinensis* Rupr.

生境：山坡、路边、荒地、草丛、林边、疏林下。

性状：多年生草本。

分布：兴安、南宁。

饲用价值：低。幼嫩植株可作牛、羊饲料。

小飞扬（千根草）*Euphorbia thymifolia* L.

生境：荒地、林下、路边、庭园边。

性状：一年生草本。

分布：柳城、柳江区、鹿寨、融水、融安、三江、金城江区、罗城、宜州区、环江、东兰、巴马、凤山、南丹、天峨、都安、大化、兴安、全州、资源、龙胜、灵川、恭城、荔浦、平乐、灌阳、永福、田东、田阳区、平果、凌云、田林、西林、隆林、乐业、德保、南宁、马山、合浦、上思、浦北、灵山、兴宾区、武宣、象州、忻城、金秀、合山、桂平、平南、港北区、富川、八步区、容县、博白、北流、天等、宁明等。

饲用价值：中。幼嫩茎叶可作猪、牛饲料。

海漆（土沉香）*Excoecaria agallocha* L.

生境：海岸沙滩。

性状：分枝灌木。

分布：防城区。

饲用价值：中。叶可作牛饲料。

白饭树 *Flueggea virosa*（Roxb. ex Willd.）Baill.

生境：荒山灌木丛。

性状：灌木。

分布：东兰、巴马。

饲用价值：中。幼嫩茎叶可作牛、羊饲料。

毛果算盘子（漆姑木、漆大伯）*Glochidion eriocarpum* Champ. ex Benth.

生境：山坡。

性状：多年生灌木。

分布：柳城、柳江区、鹿寨、融水、融安、三江、金城江区、罗城、宜州区、环江、东兰、巴马、凤山、南丹、天峨、都安、大化、兴安、全州、资源、龙胜、灵川、恭城、荔浦、平乐、灌阳、永福、田东、田阳区、平果、凌云、田林、西林、隆林、乐业、德保、南宁、马山、合浦、上思、浦北、灵山、兴宾区、武宣、象州、忻城、金秀、合山、桂平、平南、港北区、富川、八步区、容县、博白、北流、天等、宁明等。

饲用价值：低。嫩叶可作羊饲料。

甜叶算盘子（甜叶木）*Glochidion philippicum*（Cav.）C. B. Rob.［*Glochidion philippinense*（Willd.）Benth.］

生境：荒地灌木丛。

性状：灌木。

分布：环江、东兰。

饲用价值：中。嫩叶可作牛、羊饲料。

算盘子（馒头果、鸡头簕、野南瓜）*Glochidion puberum*（L.）Hutch.

生境：山坡灌木丛。

性状：灌木。

分布：柳城、柳江区、鹿寨、融水、融安、三江、金城江区、罗城、宜州区、环江、东兰、巴马、凤山、南丹、天峨、都安、大化、兴安、全州、资源、龙胜、灵川、恭城、荔浦、平乐、灌阳、永福、田东、田阳区、平果、凌云、田林、西林、隆林、乐业、德保、南宁、马山、合浦、上思、浦北、灵山、兴宾区、武宣、象州、忻城、金秀、合山、桂平、平南、港北区、富川、八步区、容县、博白、北流、天等、宁明等。

饲用价值：中。嫩叶可作山羊饲料。

麻风树（木花生、假花生、芙蓉树）*Jatropha curcas* L.

生境：栽培植物，或为野生。

性状：灌木或小乔木。

分布：田林、田阳区、德保。

饲用价值：劣。种子有毒。

中平树 *Macaranga denticulata*（Bl.）Muell. Arg.

生境：山坡灌木丛。

性状：乔木。

分布：东兰。

饲用价值：中。嫩叶可作山羊饲料。

白背桐（白背叶、白桐、白吊粟、野桐）*Mallotus apelta*（Lour.）Muell. Arg.

生境：山坡、林下、路边。

性状：灌木或小乔木。

分布：柳城、柳江区、鹿寨、融水、融安、三江、金城江区、罗城、宜州区、环江、东兰、巴马、凤山、南丹、天峨、都安、大化、兴安、全州、资源、龙胜、灵川、恭城、荔浦、平乐、灌阳、永福、田东、田阳区、平果、凌云、田林、西林、隆林、乐业、德保、南宁、马山、合浦、上思、浦北、灵山、兴宾区、武宣、象州、忻城、金秀、合山、桂平、平南、港北区、富川、八步区、容县、博白、北流、天等、宁明等。

饲用价值：良。幼嫩茎叶可作羊饲料。

毛桐（红妇娘木）***Mallotus barbatus***（Wall.）Muell. Arg.

生境：疏林、灌木丛。

性状：灌木或小乔木。

分布：融安、柳江区、柳城、鹿寨、灵川、兴安、金城江区、宜州区、罗城。

饲用价值：低。嫩叶可作羊饲料。

铁面将军（将军树、粗糠柴）***Mallotus philippensis***（Lam.）Muell. Arg.

生境：疏林、山坡灌木丛。

性状：常绿小乔木。

分布：东兰、巴马、都安、金城江区、宜州区、罗城。

饲用价值：低。嫩叶可作牛、羊饲料。

石岩枫（青钩藤、黄豆树）***Mallotus repandus***（Willd.）Muell. Arg.

生境：山坡、林中。

性状：灌木或乔木。

分布：都安。

饲用价值：劣。全株有毒，能毒鱼，可作毒鱼药、农药。

木薯 ***Manihot esculenta*** Crantz

生境：栽培农作物。

性状：一年生直立亚灌木。

分布：南宁、武宣、兴宾区、田东、田阳区。

饲用价值：中。块根富含淀粉，经水浸泡去毒后可作精饲料。叶可喂木薯蚕，亦可作猪、牛及禽类饲料。

越南叶下珠 ***Phyllanthus cochinchinensis***（Lour.）Spreng.

生境：山坡灌木丛。

性状：小灌木。

分布：天峨。

饲用价值：中。幼嫩茎叶可作牛、羊饲料。

余甘子（油甘子、牛甘子）*Phyllanthus emblica* L.

生境：疏林下、山坡向阳处。

性状：落叶小乔木或灌木。

分布：柳城、柳江区、鹿寨、融水、融安、三江、金城江区、罗城、宜州区、环江、东兰、巴马、凤山、南丹、天峨、都安、大化、兴安、全州、资源、龙胜、灵川、恭城、荔浦、平乐、灌阳、永福、田东、田阳区、平果、凌云、田林、西林、隆林、乐业、德保、南宁、马山、合浦、上思、浦北、灵山、兴宾区、武宣、象州、忻城、金秀、合山、桂平、平南、港北区、富川、八步区、容县、博白、北流、天等、宁明等。

饲用价值：低。幼嫩茎叶可作羊饲料。

珠子草 *Phyllanthus niruri* L.

生境：荒山、草坡。

性状：直立草本。

分布：巴马。

饲用价值：中。嫩叶可作牛、羊饲料。

叶下珠 *Phyllanthus urinaria* L.

生境：灌木丛、疏林下、山坡、路边。

性状：一年生草本。

分布：柳城、柳江区、鹿寨、融水、融安、三江、金城江区、罗城、宜州区、环江、东兰、巴马、凤山、南丹、天峨、都安、大化、兴安、全州、资源、龙胜、灵川、恭城、荔浦、平乐、灌阳、永福、田东、田阳区、平果、凌云、田林、西林、隆林、乐业、德保、南宁、马山、合浦、上思、浦北、灵山、兴宾区、武宣、象州、忻城、金秀、合山、桂平、平南、港北区、富川、八步区、容县、博白、北流、天等、宁明等。

饲用价值：优。牛、羊采食幼嫩茎叶。

蓖麻 *Ricinus communis* L.

生境：栽培作物。

性状：一年生高大草本。在南方常成小乔木。

分布：田东、田阳区、平果、武宣、忻城、南宁、融水、柳江区、柳城、融安。

饲用价值：低。种子经榨油后所产生油粕可作家畜饲料。叶可喂蓖麻蚕。全株有小毒，不宜多饲喂家畜。

山乌桕（红乌桕）*Sapium discolor*（Champ. ex Benth.）Muell. Arg.

生境：山坡或山谷的林中。

性状：灌木。

分布：合浦。

饲用价值：低。幼嫩茎叶可作牛、羊饲料。

圆叶乌桕（雁来红、红叶树）*Sapium rotundifolium* Hemsl.

生境：林中、路边。

性状：灌木或乔木。

分布：平乐、浦北。

饲用价值：低。幼嫩茎叶可作牛、羊饲料。

乌桕（木蜡树、木油树）*Sapium sebiferum*（L.）Roxb.

生境：疏林、河边、路边。

性状：乔木。

分布：柳城、柳江区、鹿寨、融水、融安、三江、金城江区、罗城、宜州区、环江、东兰、巴马、凤山、南丹、天峨、都安、大化、兴安、全州、资源、龙胜、灵川、恭城、荔浦、平乐、灌阳、永福、田东、田阳区、平果、凌云、田林、西林、隆林、乐业、德保、南宁、马山、合浦、上思、浦北、灵山、兴宾区、武宣、象州、忻城、金秀、合山、桂平、平南、港北区、富川、八步区、容县、博白、北流、天等、宁明等。

饲用价值：中。幼嫩茎叶可作牛、羊饲料。煮熟后可作猪饲料。

油桐（光桐、三年桐）*Vernicia fordii*（Hemsl.）Airy Shaw（*Aleurites fordii* Hemsl.）

生境：栽培油料作物。

性状：落叶小乔木。

分布：南宁。

饲用价值：低。嫩叶可作羊饲料。

木油桐（千年桐、皱桐）*Vernicia montana* Lour.［*Aleurites montana*（Lour.）E. H. Wils.］

生境：栽培油料作物，多种植于阳光充足的地方。

性状：落叶乔木。

分布：南宁。

饲用价值：低。嫩叶可作羊饲料。

十字花科 Cruciferae

芥兰（芥蓝）***Brassica alboglabra***. L. H. Bailey

生境：栽培蔬菜作物。

性状：一年生或越年生草本。

分布：南宁。

饲用价值：优。全株可作猪饲料。

青菜（白菜、小白菜）***Brassica chinensis*** L.

生境：栽培蔬菜作物。

性状：一年生或二年生草本。

分布：南宁。

饲用价值：优。茎叶可作猪饲料。

油菜（芸苔）***Brassica chinensis*** var. ***oleifera*** Mak. et Nemoto

生境：栽培油料或蔬菜作物。

性状：一年生或越年生草本。

分布：南宁。

饲用价值：良。种子经榨油后所产生油粕可作家畜饲料。叶可作猪饲料。

芥菜 ***Brassica juncea***（L.）Czern.

生境：栽培蔬菜作物。

性状：一年生草本。

分布：南宁、武宣、兴宾区、融水。

饲用价值：优。种子经榨油后所产生油粕可作家畜饲料。叶可作猪饲料。

花椰菜（包菜、卷心菜）***Brassica oleracea*** var. ***botrytis*** L.

生境：栽培蔬菜作物。

性状：矮而粗壮的二年生草本。

分布：南宁。

饲用价值：优。全株可作猪饲料。

苞菜（椰菜）*Brassica oleracea* var. *capitata* L.

生境：栽培蔬菜作物。

性状：矮而粗壮的二年生草本。

分布：南宁。

饲用价值：优。全株可作猪饲料。

大白菜（黄芽白）*Brassica pekinensis*（Lour.）Rupr.

生境：栽培蔬菜作物。

性状：二年生草本。

分布：南宁、武宣、兴宾区、融水。

饲用价值：优。将外层的叶剥落可作猪饲料。

荠菜（荠）*Capsella bursa-pastoris*（L.）Medic.

生境：田边、路边。

性状：一年生或二年生草本。

分布：马山。

饲用价值：优。地上部分可作猪饲料。

大青叶（板蓝根、菘蓝）*Isatis indigotica* Fortune

生境：栽培药用植物，或野生于山坡林下。

性状：一年生或二年生草本。

分布：象州。

饲用价值：低。

独行菜（辣辣菜）*Lepidium apetalum* Willd.

生境：路边、沟边。

性状：一年生或二年生草本。

分布：融水。

饲用价值：良。幼嫩植株可作猪、牛饲料。

水田芥（豆瓣菜、西洋菜）*Nasturtium officinale* R. Br.

生境：低湿地、林下、荒地、耕地，在柳州、桂林等地常为栽培蔬菜。

性状：多年生水生草本。

分布：梧州。

饲用价值：优。全株可作猪饲料。

萝卜 ***Raphanus sativus*** L.

生境：栽培蔬菜作物。
性状：一年生或二年生草本。
分布：南宁、武宣、兴宾区、融水。
饲用价值：优。全株可作猪饲料。

茹菜（满园花）***Raphanus sativus*** L. var. ***oleiferus*** Metzg

生境：栽培绿肥作物。
性状：一年生或二年生草本。
分布：南宁、桂林、百色、柳州。
饲用价值：良。幼嫩植株可作猪、牛饲料。种子经榨油后所产生油粕可作家畜饲料。

蔊菜（塘葛菜、野油菜）***Rorippa indica***（L.）Hiern
[***Rorippa montana***（Wall.）Small]

生境：路边、沟边、河边。
性状：一年生草本。
分布：南宁、马山、都安、大化、东兰、巴马、恭城、平乐、融水、防城区、上思。
饲用价值：优。茎叶可作猪、牛、羊饲料。

遏蓝菜（败酱草、菥蓂）***Thlaspi arvense*** L.

生境：路边、沟边、村边。
性状：一年生草本。
分布：融水、兴宾区。
饲用价值：良。嫩苗可作猪、牛饲料。

蔷薇科 Rosaceae

龙芽草（仙鹤草、狼牙草、路边黄）***Agrimonia pilosa*** Ldb.
（***Agrimonia viscidula*** Bunge）

生境：村边、丘陵较潮湿的山坡和疏林下。
性状：多年生分枝草本。

分布：柳城、柳江区、鹿寨、融水、融安、三江、金城江区、罗城、宜州区、环江、东兰、巴马、凤山、南丹、天峨、都安、大化、兴安、全州、资源、龙胜、灵川、恭城、荔浦、平乐、灌阳、永福、田东、田阳区、平果、凌云、田林、西林、隆林、乐业、德保、南宁、马山、合浦、上思、浦北、灵山、兴宾区、武宣、象州、忻城、金秀、合山、桂平、平南、港北区、富川、八步区、容县、博白、北流、天等、宁明等。

饲用价值：优。幼嫩茎叶可作牛、羊、马饲料。

野山楂（小山榷、南山楂）*Crataegus cuneata* S. et Z.

生境：低中山或丘陵的山谷和灌木丛。

性状：落叶灌木。

分布：武宣。

饲用价值：低。嫩叶可作羊饲料。老植株有害。

山楂果（粗叶楂、大果山楂）*Crataegus scabrifolia*（Fr.）Rehd.

生境：丘陵山谷、灌木丛。

性状：落叶灌木。

分布：南宁。

饲用价值：中。嫩叶可作羊饲料。

蛇莓（落地杨梅）*Duchesnea indica*（Andr.）Focke

生境：山坡林下、路边。

性状：多年生草本。

分布：兴安、博白、融水、防城区。

饲用价值：低。幼嫩茎叶可作羊饲料。老植株有害。

野枇杷（大花枇杷）*Eriobotrya cavaleriei*（Lévl.）Rehd.

生境：海拔 500 ～ 2000 m 的杂木林。

性状：常绿乔木。

分布：南宁。

饲用价值：低。嫩叶可作牛、羊饲料。

枇杷 *Eriobotrya japonica*（Thunb.）Lindl.

生境：栽培果树，或为野生。

性状：常绿小乔木。

分布：柳城、柳江区、鹿寨、融水、融安、三江、金城江区、罗城、宜州区、环江、东兰、巴马、凤山、南丹、天峨、都安、大化、兴安、全州、资源、龙胜、灵川、恭城、荔浦、平乐、灌阳、永福、田东、田阳区、平果、凌云、田林、西林、隆林、乐业、德保、南宁、马山、合浦、上思、浦北、灵山、兴宾区、武宣、象州、忻城、金秀、合山、桂平、平南、港北区、富川、八步区、容县、博白、北流、天等、宁明等。

饲用价值：中。幼嫩茎叶可作牛、羊饲料。

草莓 ***Fragaria ananassa***（Weston）Duchesne

生境：栽培作物，或为野生。

性状：多年生草本。

分布：梧州。

饲用价值：中。幼嫩茎叶可作牛、羊饲料。

东方草莓 ***Fragaria orientalis*** Lozinsk.

生境：山地、森林。

性状：多年生草本。

分布：全州。

饲用价值：中。幼嫩植株可作牛、羊饲料。

委陵菜 ***Potentilla chinensis*** Ser.

生境：山坡、路边、沟边。

性状：多年生草本。

分布：南丹、金城江区。

饲用价值：优。花果期 4 ～ 10 月。幼嫩茎叶可作猪、牛饲料。

匍枝委陵菜（鸡儿头苗）***Potentilla flagellaris*** Willd. ex Schlecht.

生境：草地、池边、路边。

性状：多年生草本。

分布：南丹。

饲用价值：中。幼嫩茎叶可作猪、牛、羊饲料。

梅 ***Prunus mume***（Sieb.）S. et Z.

生境：栽培树种。

性状：乔木。

分布：南宁。

饲用价值：低。嫩叶可作羊饲料。

桃 ***Prunus persica***（L.）Batsch

生境：栽培果树。
性状：落叶灌木。
分布：南宁。
饲用价值：低。嫩叶可作猪粗饲料。

李 ***Prunus salicina*** Lindl.

生境：栽培果树。
性状：落叶灌木。
分布：南宁、柳州、桂林、梧州、玉林、百色、河池等。
饲用价值：中。嫩叶可作羊饲料。果可食。

小刺樱花 ***Prunus spinulose*** S. et Z.

生境：路边、山坡草地。
性状：落叶灌木。
分布：河池。
饲用价值：中。嫩叶可作山羊饲料。

野梨（豆梨）***Pyrus calleryana*** Dcne.

生境：山坡林中、荒山草地。
性状：落叶灌木。
分布：南宁。
饲用价值：中。嫩叶可作山羊饲料。果可食。

梨（沙梨）***Pyrus pyrifolia***（Burm. f.）Nakai

生境：栽培果树。
性状：落叶灌木。
分布：南宁。
饲用价值：低。嫩叶可作羊饲料。

小果蔷薇（白花刺）***Rosa cymosa*** Tratt.

生境：山坡、丘陵。
性状：攀缘灌木。
分布：象州、平乐、兴安。

饲用价值：低。叶可作牛、羊饲料。植株可作蜜源植物。老植株有害。

金樱子（刺糖果）*Rosa laevigata* Michx.

生境：山坡、林下。

性状：常绿攀缘灌木。

分布：柳城、柳江区、鹿寨、融水、融安、三江、金城江区、罗城、宜州区、环江、东兰、巴马、凤山、南丹、天峨、都安、大化、兴安、全州、资源、龙胜、灵川、恭城、荔浦、平乐、灌阳、永福、田东、田阳区、平果、凌云、田林、西林、隆林、乐业、德保、南宁、马山、合浦、上思、浦北、灵山、兴宾区、武宣、象州、忻城、金秀、合山、桂平、平南、港北区、富川、八步区、容县、博白、北流、天等、宁明等。

饲用价值：中。幼嫩茎叶可作牛、山羊饲料。老植株有害。

野蔷薇（多花蔷薇）*Rosa multiflora* Thunb.

生境：村边、路边、林下。

性状：落叶灌木。

分布：梧州。

饲用价值：低。幼嫩茎叶可作牛、羊饲料。老植株有害。

七姐妹（十姐妹）*Rosa multiflora* Thunb. var. *carnea* Thory

生境：山坡灌木丛。

性状：落叶灌木。

分布：东兰。

饲用价值：低。幼嫩茎叶可作牛、羊饲料。

粗叶悬钩子（大叶泡）*Rubus alceifolius* Poiret（*Rubus alceaefolius* Poir.）

生境：林边、路边、灌木丛。

性状：攀缘灌木。

分布：柳城、柳江区、鹿寨、融水、融安、三江、金城江区、罗城、宜州区、环江、东兰、巴马、凤山、南丹、天峨、都安、大化、兴安、全州、资源、龙胜、灵川、恭城、荔浦、平乐、灌阳、永福、田东、田阳区、平果、凌云、田林、西林、隆林、乐业、德保、南宁、马山、合浦、上思、浦北、灵山、兴宾区、武宣、象州、忻城、金秀、合山、桂平、平南、港北区、富川、八步区、容县、博白、北流、天等、宁明等。

饲用价值：中。幼嫩茎叶可作牛、山羊饲料。老植株有害。

山莓（吊杆泡）***Rubus corchorifolius*** L. f.

生境：山坡、溪边、灌木丛。

性状：落叶灌木。

分布：兴安。

饲用价值：低。幼嫩茎叶可作牛、羊饲料。老植株有害。

灰毛果莓（红刺泡）***Rubus foliolosus*** D. Don（***Rubus niveus*** Thunb.）

生境：山坡灌木丛。

性状：灌木。

分布：灵山。

饲用价值：中。幼嫩茎叶可作山羊饲料。

鸡爪茶 ***Rubus henryi*** Hemsl. et Ktze.

生境：坡地、山林。

性状：常绿攀缘灌木。

分布：融水。

饲用价值：中。花期 5 ～ 6 月，果期 7 ～ 8 月。幼嫩茎叶可作山羊饲料。

白叶莓 ***Rubus innominatus*** S. Moore

生境：山坡灌木丛。

性状：落叶灌木。

分布：灵川。

饲用价值：低。幼嫩茎叶可作牛、羊饲料。

白花悬钩子 ***Rubus leucanthus*** Hance

生境：山坡、疏林。

性状：攀缘灌木。

分布：浦北。

饲用价值：低。幼嫩茎叶可作牛、羊饲料。

茅莓（三月泡、铺地蛇）***Rubus parvifolius*** L.

生境：丘陵、山坡。

性状：小灌木。

分布：象州、兴宾区、武宣、金秀、融水、融安、三江、东兰、南丹、防城区、浦北、兴安。

饲用价值：低。花期 5 ～ 6 月。幼嫩茎叶可作牛、羊饲料。老植株有害。

羽萼悬钩子 ***Rubus pinnatisepalus*** Hemsl.

生境：山沟、山谷、路边、林下。

性状：灌木。

分布：浦北。

饲用价值：低。幼嫩茎叶可作牛、羊饲料。

锈毛莓（山烟筒子）***Rubus reflexus*** Ker

生境：山坡或林下的潮湿处。

性状：攀缘灌木。

分布：浦北。

饲用价值：低。幼嫩茎叶可作牛、羊饲料。

木莓（湖北悬钩子）***Rubus swinhoei*** Hance

生境：山坡。

性状：落叶或半常绿灌木。

分布：合浦。

饲用价值：低。幼嫩茎叶可作牛、羊饲料。

地榆（黄瓜香）***Sanguisorba officinalis*** L.

生境：山坡草地、荒地、灌木丛、疏林下、石山脚、草坪。

性状：多年生草本。

分布：柳城、柳江区、鹿寨、融水、融安、三江、金城江区、罗城、宜州区、环江、东兰、巴马、凤山、南丹、天峨、都安、大化、兴安、全州、资源、龙胜、灵川、恭城、荔浦、平乐、灌阳、永福、田东、田阳区、平果、凌云、田林、西林、隆林、乐业、德保、南宁、马山、合浦、上思、浦北、灵山、兴宾区、武宣、象州、忻城、金秀、合山、桂平、平南、港北区、富川、八步区、容县、博白、北流、天等、宁明等。

饲用价值：良。幼嫩茎叶可作牛、羊饲料。根状茎酿酒后所产生酒渣可作猪饲料。

五味子科 Schisandraceae

大钻骨风（冷饭团、大钻、臭饭团）*Kadsura coccinea*（Lem.）A. C. Smith

生境：森林。

性状：常绿木质藤本。

分布：金秀。

饲用价值：低。嫩叶可作牛、羊饲料。果可食。

小钻骨风（小钻、南五味子）*Kadsura longipedunculata* Fin. et Gagn.

生境：山坡灌木丛。

性状：常绿木质藤本。

分布：防城区。

饲用价值：低。嫩叶可作牛、羊饲料。果可食。

番荔枝科 Annonaceae

假鹰爪（酒饼叶、鸡爪风）*Desmos chinensis* Lour.

生境：低海拔的山谷。

性状：直立或攀缘灌木。

分布：合浦。

饲用价值：劣。全株有小毒。

樟 科 Lauraceae

无根藤（无头藤）*Cassytha filiformis* L.

生境：灌木丛。

性状：寄生缠绕草本。

分布：柳城、柳江区、鹿寨、融水、融安、三江、金城江区、罗城、宜州区、环江、东兰、巴马、

凤山、南丹、天峨、都安、大化、兴安、全州、资源、龙胜、灵川、恭城、荔浦、平乐、灌阳、永福、田东、田阳区、平果、凌云、田林、西林、隆林、乐业、德保、南宁、马山、合浦、上思、浦北、灵山、兴宾区、武宣、象州、忻城、金秀、合山、桂平、平南、港北区、富川、八步区、容县、博白、北流、天等、宁明等。

饲用价值：低。嫩茎叶可作羊饲料。

阴香（小桂皮、假桂枝、山桂、月桂、土肉桂）*Cinnamomum burmannii*（Nees et T. Nees）Blume

生境：山坡、林中。

性状：乔木。

分布：防城区。

饲用价值：低。嫩叶可作羊饲料。

樟（香樟、乌樟）*Cinnamomum camphora*（L.）Presl

生境：山坡、林中、路边、宅边。

性状：乔木。

分布：柳城、柳江区、鹿寨、融水、融安、三江、金城江区、罗城、宜州区、环江、东兰、巴马、凤山、南丹、天峨、都安、大化、兴安、全州、资源、龙胜、灵川、恭城、荔浦、平乐、灌阳、永福、田东、田阳区、平果、凌云、田林、西林、隆林、乐业、德保、南宁、马山、合浦、上思、浦北、灵山、兴宾区、武宣、象州、忻城、金秀、合山、桂平、平南、港北区、富川、八步区、容县、博白、北流、天等、宁明等。

饲用价值：劣。叶可作樟蚕饲料。

肉桂（玉桂、桂皮、筒桂、桂皮、桂枝）*Cinnamomum cassia* Presl（*Laurus cinnamomum* L.；*Laurus cassia* C. G. et Th. Nees）

生境：栽培药材树种，或为野生。

性状：乔木。

分布：梧州。

饲用价值：低。嫩叶可作羊饲料。

乌药（吹风散、千打捶、铜钱紫）*Lindera aggregata*（Sims）Kosterm.［*Lindera strychnifolia*（Sieb. et Zucc.）F.-Vill.］

生境：向阳山坡灌木丛。

性状：常绿小灌木或小乔木。

分布：北海、防城区。

饲用价值：低。幼嫩茎叶可作羊饲料。

香叶树 ***Lindera communis*** Hemsl.

生境：村边、旷野。

性状：小乔木或灌木。

分布：都安。

饲用价值：中。嫩叶可作山羊饲料。

山胡椒（见风消、见风干、牛筋树、野胡椒）***Lindera glauca***（Sieb. et Zucc.）Bl.

生境：山坡、林中。

性状：落叶灌木或小乔木。

分布：柳城、柳江区、鹿寨、融水、融安、三江、金城江区、罗城、宜州区、环江、东兰、巴马、凤山、南丹、天峨、都安、大化、兴安、全州、资源、龙胜、灵川、恭城、荔浦、平乐、灌阳、永福、田东、田阳区、平果、凌云、田林、西林、隆林、乐业、德保、南宁、马山、合浦、上思、浦北、灵山、兴宾区、武宣、象州、忻城、金秀、合山、桂平、平南、港北区、富川、八步区、容县、博白、北流、天等、宁明等。

饲用价值：低。幼嫩茎叶可作羊饲料。

山苍子（山鸡椒、水姜子、山姜子）***Litsea cubeba***（Lour.）Pers.

生境：向阳丘陵、山地灌木丛、疏林。

性状：落叶灌木或小乔木。

分布：柳城、柳江区、鹿寨、融水、融安、三江、金城江区、罗城、宜州区、环江、东兰、巴马、凤山、南丹、天峨、都安、大化、兴安、全州、资源、龙胜、灵川、恭城、荔浦、平乐、灌阳、永福、田东、田阳区、平果、凌云、田林、西林、隆林、乐业、德保、南宁、马山、合浦、上思、浦北、灵山、兴宾区、武宣、象州、忻城、金秀、合山、桂平、平南、港北区、富川、八步区、容县、博白、北流、天等、宁明等。

饲用价值：中。幼嫩茎叶可作山羊饲料。

石木姜子（楠木）***Litsea elongata***（Wall. ex Nees）Benth. et Hook. f.（***Litsea faberi*** Hemsl.）

生境：山坡阴湿处、疏林。

性状：常绿灌木或小乔木。高可达 15 m。

分布：浦北。

饲用价值：低。幼嫩茎叶可作羊饲料。

潺槁树（香胶木、潺槁木姜、山槁树）***Litsea glutinosa***（Lour.）C. B. Rob.

生境：山坡、林中。

性状：常绿灌木或小乔木。

分布：防城区、灵山、合浦。

饲用价值：低。花期 5 ～ 6 月。幼嫩茎叶可作羊饲料。

豺皮黄肉楠（豺皮樟）***Litsea rotundifolia*** Hemsl. var. ***oblongifolia***（Nees）Allen

（***Litsea chinensis*** Bl.；***Actinodaphne chinensis*** Nees）

生境：山地、丘陵下部灌木丛、疏林。

性状：常绿灌木或小乔木。

分布：浦北。

饲用价值：低。花期 8 ～ 9 月。嫩叶可作羊饲料。

华东润楠 ***Machilus leptophylla*** H.-M.

生境：山坡草地、林中。

性状：常绿乔木。

分布：东兰。

饲用价值：中。嫩叶可作山羊饲料。

绒毛润楠（绒楠、猴高铁、香胶木）***Machilus velutina*** Champ. ex Benth.

生境：山坡、林下。

性状：乔木。

分布：浦北。

饲用价值：低。幼嫩茎叶可作羊饲料。

毛茛科　Ranunculaceae

威灵仙（铁脚威灵仙、老虎须）***Clematis chinensis*** Osbeck

生境：山谷或山坡的林边或灌木丛。

性状：藤本。

分布：柳城、柳江区、鹿寨、融水、融安、三江、金城江区、罗城、宜州区、环江、东兰、巴马、凤山、南丹、天峨、都安、大化、兴安、全州、资源、龙胜、灵川、恭城、荔浦、平乐、灌阳、永福、田东、田阳区、平果、凌云、田林、西林、隆林、乐业、德保、南宁、马山、合浦、上思、浦北、灵山、兴宾区、武宣、象州、忻城、金秀、合山、桂平、平南、港北区、富川、八步区、容县、博白、北流、天等、宁明等。

饲用价值：低。幼嫩茎叶可作牛、羊饲料。全株有小毒，不宜多饲喂。

黄连（土黄连）*Coptis chinensis* Fr.

生境：山地林中阴湿处。

性状：多年生草本。

分布：灌阳。

饲用价值：劣。

小檗科 Berberidaceae

八角莲（六角莲、花叶八角莲、独脚莲）*Dysosma versipellis*（Hance）M. Cheng ex Ying

生境：山谷或山坡的林下阴湿处。

性状：多年生草本。

分布：防城区。

饲用价值：低。幼嫩植株可作牛、羊饲料。全株有小毒。

阔叶十大功劳（土黄连、鸟不宿、木黄连）*Mahonia bealei*（Fort.）Carr.

生境：山坡、灌木丛。

性状：常绿灌木。

分布：上思。

饲用价值：劣。植株有害。

十大功劳 *Mahonia fortunei*（Lindl.）Fedde

生境：山坡、林下、灌木丛。

性状：常绿灌木。高 0.5 ～ 4 m。

分布：都安、环江、上思。

饲用价值：劣。花期 7 ～ 9 月。植株有害。

大血藤科 Sargentodoxaceae

大血藤（血藤、槟榔钻、红藤、大活血）*Sargentodoxa cuneata*（Oliv.）Rehd. et Wils.

生境：山坡、疏林。

性状：落叶木质藤本。

分布：马山、防城区。

饲用价值：低。幼嫩茎叶可作牛、羊饲料。

防己科 Menispermaceae

木防己（青藤、毛木防己、牛木香、土木香）*Cocculus orbiculatus*（Linn.）DC.

［***Cocculus trilobus***（Thunb.）DC.］

生境：山地、丘陵、路边。

性状：缠绕藤本。

分布：马山。

饲用价值：低。根含淀粉，酿酒后所产生酒渣可作猪饲料。幼嫩茎叶可作牛、羊饲料。

毛叶轮环藤（金线风）*Cyclea barbata* Miers

生境：疏林、路边、田边。

性状：缠绕藤本。

分布：忻城。

饲用价值：低。幼嫩茎叶可作牛、羊饲料。

凉粉藤（粉叶轮环藤、百解藤、金锁匙、山豆根）*Cyclea hypoglauca*（Schauer）Diels

生境：疏林、路边、田边。

性状：缠绕藤本。

分布：兴安、靖西、德保、田阳区、平果、东兰、环江、上思。

饲用价值：中。幼嫩茎叶可作牛、山羊饲料。

藤黄连（天仙藤、土黄连）*Fibraurea recisa* Pierre

生境：山谷密林。

性状：常绿木质藤本。

分布：防城区。

饲用价值：低。山羊微食。

连蕊藤 *Parabaena sagittata* Miers

生境：山坡灌木丛、林边。

性状：攀缘草质藤本。

分布：那坡。

饲用价值：优。花期 4 ～ 5 月，果期 8 ～ 9 月。幼嫩茎叶可作牛、羊饲料。

细圆藤（车线藤）*Pericampylus glaucus*（Lam.）Merr.

生境：山坡灌木丛、密林。

性状：攀缘木质藤本。

分布：都安、东兰。

饲用价值：中。幼嫩茎叶可作牛、羊饲料。

千金藤（天膏药、金线吊乌龟）*Stephania japonica*（Thunb.）Miers（*Menispermum japonicum* Thunb.）

生境：山坡、溪边、路边。

性状：木质藤本。

分布：钦州。

饲用价值：低。幼嫩茎叶可作牛、羊饲料。

蛇头藤（粪箕笃、飞天雷公、田鸡草、雷林嘴、畚箕草）*Stephania longa* Lour.

生境：村边、旷野、灌木丛。

性状：缠绕藤本。

分布：合浦、天峨。

饲用价值：优。幼嫩茎叶可作牛、羊饲料。

华千金藤（金不换）*Stephania sinica* Diels

生境：山坡灌木丛。

性状：攀缘藤本。

分布：天峨、防城区。

饲用价值：中。幼嫩茎叶可作牛、羊饲料。

粉防己（山乌龟、石蟾蜍、吊葫芦）*Stephania tetrandra* S. Moore

生境：山坡、丘陵、草丛、灌木丛、林边。

性状：多年生落叶缠绕藤本。

分布：防城区。

饲用价值：低。幼嫩茎叶可作牛、羊饲料。全株有小毒。

宽筋藤（伸筋藤、打不死）*Tinospora sinensis*（Lour.）Merr.

生境：疏林下、村边灌木丛。

性状：多年生灌木缠绕藤本。

分布：合浦、防城区。

饲用价值：低。山羊采食嫩叶。

马兜铃科 Aristolochiaceae

通城虎（五虎通城）*Aristolochia fordiana* Hemsl.

生境：岩壁下、山脚或山沟肥沃湿润处。

性状：多年生缠绕藤本。

分布：防城区。

饲用价值：劣。全株有小毒。

广西马兜铃（大叶马兜铃、圆叶马兜铃）*Aristolochia kwangsiensis* Chun et How ex C. F. Liang

（*Aristolochia shukangil* Chun et How）

生境：山坡、山地、林下、石缝中、沟边。

性状：常绿木质藤本。

分布：防城区。

饲用价值：中。幼嫩茎叶可作牛、羊饲料。

金耳环（一块瓦、长梗细辛）*Asarum longepedunculatum* O. C. Schmidt（*Asarum insigne* Diels）

生境：山坡、林下。
性状：藤本。
分布：防城区。
饲用价值：中。幼嫩茎叶可作牛、羊饲料。

胡椒科 Piperaceae

山蒌（山蒟、石南藤、海风藤）*Piper hancei* Maxim.

生境：常攀缘于树上或岩石上。
性状：木质藤本。
分布：防城区。
饲用价值：低。幼嫩茎叶可作羊饲料。

毛蒌（毛蒟）*Piper puberulum*（Benth.）Maxim.

生境：林下、潮湿谷地。
性状：藤本。
分布：防城区。
饲用价值：中。幼嫩茎叶可作牛、羊饲料。

假蒟（假蒌）*Piper sarmentosum* Roxb.

生境：林下或水边湿地。
性状：半灌木。
分布：防城区。
饲用价值：中。幼嫩茎叶可作牛、羊饲料。

三白草科 Saururaceae

鱼腥草（蕺菜、臭菜、鱼鳞草）*Houttuynia cordata* Thunb.

生境：湿地、水边。

性状：多年生草本。

分布：柳城、柳江区、鹿寨、融水、融安、三江、金城江区、罗城、宜州区、环江、东兰、巴马、凤山、南丹、天峨、都安、大化、兴安、全州、资源、龙胜、灵川、恭城、荔浦、平乐、灌阳、永福、田东、田阳区、平果、凌云、田林、西林、隆林、乐业、德保、南宁、马山、合浦、上思、浦北、灵山、兴宾区、武宣、象州、忻城、金秀、合山、桂平、平南、港北区、富川、八步区、容县、博白、北流、天等、宁明等。

饲用价值：低。叶可作猪、牛饲料。全株有小毒，不能多饲喂。

三白草（过塘藕、白莲藕、过山龙）***Saururus chinensis***（Lour.）Baill.

生境：低湿地。

性状：多年生草本。

分布：防城区。

饲用价值：劣。全株有小毒。

金粟兰科 Chloranthaceae

四块瓦（银线金粟兰、丝穗金粟兰）***Chloranthus holostegius***（Hand.-Mazz.）Pei et Shan

生境：潮湿处。

性状：多年生草本。

分布：防城区。

饲用价值：劣。全草有小毒。

九节风（接骨金粟兰、九节茶、草珊瑚）***Sarcandra glabra***（Thunb.）Nakai

生境：常绿阔叶林下。

性状：半灌木。

分布：防城区。

饲用价值：低。幼嫩茎叶可作牛、羊饲料。

罂粟科 Papaveraceae

博落回（三钱三）*Macleaya cordata*（Willd.）R. Br.

生境：向阳山坡、路边、新荒地。

性状：多年生宿根高大草本。

分布：灌阳。

饲用价值：劣。全株有大毒。

荷包牡丹科（紫堇科） Fumariaceae

延胡索（元胡、元胡索）*Corydalis yanhusuo* W. T. Wang

生境：丘陵草地。

性状：多年生无毛草本。

分布：金秀。

饲用价值：中。全草可作牛、羊饲料。

山柑科（白花菜科） Capparidaceae

鱼木（四方灯盏）*Crateva unilocularis* Buch.-Ham.（*Crateva religiosa* G. Foret.）

生境：山坡、林中。

性状：乔木。

分布：梧州。

饲用价值：中。嫩叶可作单饲料。果含生物碱。

白花菜 *Gynandropsis gynandra*（Linnaeus）Briquet [*Gynandropsis pentaphylla*（L.）Briq.；*Cleome gynandra* L.]

生境：山坡荒地。

性状：一年生直立草本。

分布：上思。

饲用价值：低。幼嫩植株可作猪、牛饲料。种子有小毒。

堇菜科 Violaceae

如意草（堇菜、水犁头草）*Viola arcuata* Blume（*Viola alata* Burgersd.）

生境：河边、水沟边。

性状：多年生草本。

分布：东兰。

饲用价值：优。全株可作猪、牛饲料。

戟叶犁头草 *Viola betonicifolia* subsp. *nepalensis*（Ging.）W. Beck.（*Viola patrinii* DC.）

生境：山坡草地、田野湿润处。

性状：多年生草本。

分布：浦北。

饲用价值：良。全草可作牛、羊饲料。

犁头草（紫花地丁、长萼堇菜）*Viola inconspicua* Bl.

生境：湿润的沟边或坡地。

性状：一年生矮小草本。

分布：柳城、柳江区、鹿寨、融水、融安、三江、金城江区、罗城、宜州区、环江、东兰、巴马、凤山、南丹、天峨、都安、大化、兴安、全州、资源、龙胜、灵川、恭城、荔浦、平乐、灌阳、永福、田东、田阳区、平果、凌云、田林、西林、隆林、乐业、德保、南宁、马山、合浦、上思、浦北、灵山、兴宾区、武宣、象州、忻城、金秀、合山、桂平、平南、港北区、富川、八步区、容县、博白、北流、天等、宁明等。

饲用价值：良。嫩叶可作猪饲料。

远志科 Polygalaceae

大金不换（华南远志、紫背金牛、肥儿草、金不换）*Polygala chinensis* L.

生境：山坡、溪边、路边、空旷草地。

性状：一年生直立草本。
分布：东兰、合浦。
饲用价值：低。幼嫩苗叶可作猪、牛饲料。

小远志（瓜子金、小金不换）*Polygala japonica* Houtt.

生境：山坡、路边、草丛。
性状：多年生草本。
分布：南宁、马山、凌云、全州、龙胜、兴宾区、武宣。
饲用价值：优。地上部分可作猪、牛饲料。

小花远志 *Polygala telephioides* Willd.

生境：空旷草地、路边。
性状：一年生矮小草本。
分布：金秀、融水。
饲用价值：良。地上部分可作猪、牛饲料。

景天科 Crassulaceae

落地生根 *Bryophyllum pinnatum*（L. f.）Oken [*Kalanchoe pinnata*（L. f.）Pers.]

生境：栽培药用植物，或为野生。
性状：多年生肉质草本。
分布：防城区。
饲用价值：低。幼嫩植株可作猪、牛饲料。

伽蓝菜（五爪三七、鸡爪三七）*Kalanchoe laciniata*（L.）DC.

生境：栽培药用植物，或为野生。
性状：多年生肉质草本。
分布：防城区。
饲用价值：低。全株可作猪、牛饲料。

石竹科 Caryophyllaceae

瞿麦 ***Dianthus superbus*** L.

生境：山坡、草丛、岩缝中。
性状：多年生草本。
分布：灌阳。
饲用价值：中。幼嫩茎叶可作牛、羊饲料。

荷莲豆（水蓍青）***Drymaria diandra*** Blume [***Drymaria cordata***（L.）Willd.]

生境：沟边、林边潮湿处。
性状：多年生披散草本。
分布：巴马、东兰。
饲用价值：优。幼嫩茎叶可作牛、羊饲料。

雀舌草（天蓬莱）***Stellaria alsine*** Grimm

生境：田间、溪边、潮湿处。
性状：越年生草本。
分布：全州。
饲用价值：低。幼嫩茎叶可作牛、羊饲料。

繁缕（鹅肠菜）***Stellaria media***（L.）Vill.

生境：田间、路边、溪边草地。
性状：越年生草本。
分布：南丹。
饲用价值：优。茎叶可作家畜饲料。

鸡肉菜（巫山繁缕）***Stellaria wushanensis*** Wils.

生境：山坡草地、荒地。
性状：多年生草本。
分布：平南。
饲用价值：中。全株可作猪、牛饲料。

马齿苋科 Portulacaceae

马齿苋（瓜子菜、长命菜、马蛇子草）*Portulaca oleracea* L.

生境：田间荒地、耕地、庭园边。

性状：一年生草本。

分布：柳城、柳江区、鹿寨、融水、融安、三江、金城江区、罗城、宜州区、环江、东兰、巴马、凤山、南丹、天峨、都安、大化、兴安、全州、资源、龙胜、灵川、恭城、荔浦、平乐、灌阳、永福、田东、田阳区、平果、凌云、田林、西林、隆林、乐业、德保、南宁、马山、合浦、上思、浦北、灵山、兴宾区、武宣、象州、忻城、金秀、合山、桂平、平南、港北区、富川、八步区、容县、博白、北流、天等、宁明等。

饲用价值：优。全株可作猪、牛饲料，富含维生素和脂肪。

土人参（土参）*Talinum paniculatum*（Jacq.）Gaertn.

生境：栽培作物。

性状：一年生草本。

分布：龙州。

饲用价值：中。嫩叶可作猪、牛饲料。

蓼科 Polygonaceae

金线草（九龙盘）*Antenoron filiforme*（Thunb.）Roberty et Vautier.

生境：山坡、林边、沟边。

性状：多年生草本。

分布：象州。

饲用价值：低。幼嫩茎叶可作家畜饲料。

金荞麦（野荞麦、酸荞麦）*Fagopyrum dibotrys*（D. Don）Hara
[*Polygonum cymosum* Trev.；*Fagopyrum cymosum*（Trevir.）Meisn.]

生境：山坡草地。

性状：多年生草本。

分布：梧州、东兰。

饲用价值：良。全株可作猪、牛饲料。

荞麦（三角麦、甜荞麦）***Fagopyrum esculentum*** Moench（***Polygonum fagopyrum*** L.）

生境：栽培农作物。

性状：一年生草本。

分布：桂平、武宣。

饲用价值：良。全株可作猪、牛饲料。

何首乌（首乌、多花蓼）***Fallopia multiflora***（Thunb.）Harald.（***Polygonum multiflorwm*** Thunb.）

生境：灌木丛、山脚阴处、石缝中。

性状：多年生草本。

分布：柳城、柳江区、鹿寨、融水、融安、三江、金城江区、罗城、宜州区、环江、东兰、巴马、凤山、南丹、天峨、都安、大化、兴安、全州、资源、龙胜、灵川、恭城、荔浦、平乐、灌阳、永福、田东、田阳区、凌云、田林、西林、隆林、乐业、德保、南宁、马山、上思、浦北、兴宾区、武宣、象州、忻城、金秀、合山、桂平、平南、港北区、富川、八步区、天等。

饲用价值：对猪、牛为中，对羊为良。幼嫩茎叶可作猪、牛、羊饲料。

竹节蓼（飞天蜈蚣、扁竹花）***Homalocladium platycladum***（F. Muell.）Bailey

生境：栽培药用植物，或为野生。

性状：多年生草本。

分布：防城区。

饲用价值：中。牛、山羊采食幼嫩茎叶。

火炭母（晕药、火炭藤）***Persicaria chinensis***（L.）H. Gross（***Polygonum chinense*** L.）

生境：荒地、低湿地、庭园边。

性状：多年生草本。

分布：柳城、柳江区、鹿寨、融水、融安、三江、金城江区、罗城、宜州区、环江、东兰、巴马、凤山、南丹、天峨、都安、大化、兴安、全州、资源、龙胜、灵川、恭城、荔浦、平乐、灌阳、永福、田东、田阳区、平果、凌云、田林、西林、隆林、乐业、德保、南宁、马山、合浦、上思、浦北、灵山、兴宾区、武宣、象州、忻城、金秀、合山、桂平、平南、港北区、富川、八步区、容县、博白、北流、天等、宁明等。

饲用价值：良。幼嫩茎叶可作猪、牛、羊饲料。

长箭叶蓼 ***Persicaria hastatosagittata***（Makino）Nakai ex T. Mori（***Polygonum hastatosagittatum*** Makino）

生境：水边、沟边。

性状：一年生草本。

分布：环江。

饲用价值：低。花期8～9月。幼嫩茎叶可作牛、羊饲料。

水蓼（辣蓼、蓼、红辣蓼）***Persicaria hydropiper***（L.）Spach（***Polygonum hydropiper*** L.）

生境：低湿地、水沟边。

性状：一年生草本。

分布：柳城、柳江区、鹿寨、融水、融安、三江、金城江区、罗城、宜州区、环江、东兰、巴马、凤山、南丹、天峨、都安、大化、兴安、全州、资源、龙胜、灵川、恭城、荔浦、平乐、灌阳、永福、田东、田阳区、平果、凌云、田林、西林、隆林、乐业、德保、南宁、马山、合浦、上思、浦北、灵山、兴宾区、武宣、象州、忻城、金秀、合山、桂平、平南、港北区、富川、八步区、容县、博白、北流、天等、宁明等。

饲用价值：中。幼嫩茎叶可作牛、羊饲料。全草含有甲氧基蒽醌、凝血性甙和挥发油，对家畜有毒害作用，所以不能饲喂过多。

蚕茧草 ***Persicaria japonica***（Meisn.）H. Gross ex Nakai（***Polygonum japonicum*** Meisn.）

生境：沟边、路边。

性状：多年生草本。

分布：东兰。

饲用价值：中。幼嫩茎叶可作猪、牛饲料。

大马蓼（酸模叶蓼）***Persicaria lapathifolia***（L.）S. F. Gray（***Polygonum lapathifolium*** L.）

生境：路边、坡地、沟渠边。

性状：一年生草本。

分布：宜州区、梧州。

饲用价值：中。幼嫩茎叶可作牛、羊饲料。

小蓼 ***Persicaria minor***（Huds.）Opiz

生境：潮湿处、山坡。

性状：一年生直立草本。

分布：三江。

饲用价值：低。幼嫩茎叶可作牛、羊饲料。

杠板归（蛇不过、老虎脷、贯叶蓼、犁头刺）*Persicaria perfoliata*（L.）H. Gross（*Polygonum perfoliatum* L.）

生境：荒地、潮湿处、庭园边。

性状：一年生蔓性草本。

分布：柳城、柳江区、鹿寨、融水、融安、三江、金城江区、罗城、宜州区、环江、东兰、巴马、凤山、南丹、天峨、都安、大化、兴安、全州、资源、龙胜、灵川、恭城、荔浦、平乐、灌阳、永福、田东、田阳区、平果、凌云、田林、西林、隆林、乐业、德保、南宁、马山、合浦、上思、浦北、灵山、兴宾区、武宣、象州、忻城、金秀、合山、桂平、平南、港北区、富川、八步区、容县、博白、北流、天等、宁明等。

饲用价值：优。幼嫩茎叶可作牛、羊饲料。老植株对绵羊有害。

丛枝蓼（红辣蓼）*Persicaria posumbu*（Buch.-Ham. ex D. Don）H. Gross（*Polygonum posumbu* Buch.-Ham. ex D. Don；*Polygonum caespitosum* Bl.）

生境：荒地、低湿地。

性状：一年生草本。

分布：柳城、柳江区、鹿寨、融水、融安、三江、金城江区、罗城、宜州区、环江、东兰、巴马、凤山、南丹、天峨、都安、大化、兴安、全州、资源、龙胜、灵川、恭城、荔浦、平乐、灌阳、永福、田东、田阳区、平果、凌云、田林、西林、隆林、乐业、德保、南宁、马山、合浦、上思、浦北、灵山、兴宾区、武宣、象州、忻城、金秀、合山、桂平、平南、港北区、富川、八步区、容县、博白、北流、天等、宁明等。

饲用价值：中。全株可作猪、牛饲料。

萹蓄（扁蓄、萹竹、乌蓼）*Polygonum aviculare* L.

生境：潮湿处、荒地。

性状：一年生草本。

分布：博白。

饲用价值：中。地上部分可作猪、羊饲料。全株有小毒，但未见中毒报道。

虎杖（阴阳莲）*Reynoutria japonica* Houtt.（*Polygonum cuspidatum* S. et Z.）

生境：山谷、溪边。

性状：多年生草本。
分布：融水、忻城、南丹、防城区。
饲用价值：低。幼嫩茎叶可作牛、羊饲料。全珠有小毒。

大黄 *Rheum officinale* Baill.

生境：山坡、林下，或为栽培植物。
性状：多年生草本。
分布：兴安。
饲用价值：低。幼嫩茎叶可作牛、羊饲料。

齿果酸模 *Rumex dentatus* L.

生境：水边湿地。
性状：多年生草本。
分布：北海。
饲用价值：中。幼嫩茎叶可作猪饲料。

商陆科 Phytolaccaceae

商陆（山萝卜、牛萝卜）*Phytolacca acinosa* Roxb.

生境：林下、路边、屋边。
性状：多年生草本。
分布：防城区。
饲用价值：劣。全株有毒，根毒性最大。

藜 科 Chenopodiaceae

地肤（扫帚菜、地肤子）*Bassia scoparia*（L.）A. J. Scott [*Kochia scoparia*（L.）Schrad.]

生境：宅边隙地、园圃边、荒田。
性状：一年生草本。
分布：南宁。
饲用价值：优。幼嫩茎叶可作猪饲料。

牛皮菜（莙荙菜、猪乸菜、甜菜）***Beta vulgaris*** var. ***cicla*** L.

生境：栽培蔬菜作物。

性状：一年生草本。

分布：南宁、融水、忻城、兴宾区。

饲用价值：良。全株可作猪、牛、羊饲料。

灰苋菜（白藜、灰菜）***Chenopodium album*** L.

生境：田间、路边、荒地、宅边。

性状：一年生草本。

分布：天峨、三江。

饲用价值：优。幼嫩植株可作猪、牛饲料。

藜（小藜、灰条菜）***Chenopodium serotinum*** L.

生境：荒地、河滩、沟谷、潮湿处。

性状：一年生草本。

分布：南宁、天峨。

饲用价值：中。叶、嫩苗可作猪饲料。

土荆芥（钩虫草）***Dysphania ambrosioides***（L.）Mosyakin et Clemants（***Chenopodium ambrosioides*** L.）

生境：树边、旷野、路边、河边、溪边。

性状：一年生或多年生草本。

分布：柳城、柳江区、鹿寨、融水、融安、三江、金城江区、罗城、宜州区、环江、东兰、巴马、凤山、南丹、天峨、都安、大化、兴安、全州、资源、龙胜、灵川、恭城、荔浦、平乐、灌阳、永福、田东、田阳区、平果、凌云、田林、西林、隆林、乐业、德保、南宁、马山、合浦、上思、浦北、灵山、兴宾区、武宣、象州、忻城、金秀、合山、桂平、平南、港北区、富川、八步区、容县、博白、北流、天等、宁明等。

饲用价值：劣。全株有小毒。

苋 科 Amaranthaceae

土牛膝（倒刺草）***Achyranthes aspera*** L.

生境：荒地、草地、庭园边、路边。

性状：一年生或二年生草本。

分布：柳城、柳江区、鹿寨、融水、融安、三江、金城江区、罗城、宜州区、环江、东兰、巴马、凤山、南丹、天峨、都安、大化、兴安、全州、资源、龙胜、灵川、恭城、荔浦、平乐、灌阳、永福、田东、田阳区、平果、凌云、田林、西林、隆林、乐业、德保、南宁、马山、合浦、上思、浦北、灵山、兴宾区、武宣、象州、忻城、金秀、合山、桂平、平南、港北区、富川、八步区、容县、博白、北流、天等、宁明等。

饲用价值：良。幼嫩植株可作猪、牛饲料。老植株有害。

牛膝 *Achyranthes bidentata* Bl.

生境：山坡、林下。

性状：多年生草本。

分布：南宁。

饲用价值：低。幼嫩植株可作牛饲料。

柳叶牛膝（长叶牛膝）*Achyranthes longifolia*（Mak.）Mak.

生境：山坡、林下。

性状：多年生草本。

分布：防城区、兴宾区。

饲用价值：低。幼嫩植株可作牛饲料。

少毛白花苋 *Aerva glabrata* Hook. f.

生境：山坡阴凉处。

性状：多年生草本。高 1 ～ 2 m。秆直立或稍匍匐。

分布：龙州。

饲用价值：优。花果期 4 ～ 10 月。植株可作牛饲料。

空心莲子草（喜旱莲子草、水花生、革命草）*Alternanthera philoxeroides*（Mart.）Griseb.

生境：低湿地、荒地、路边、沟边、池塘边。

性状：多年生宿根草本。

分布：南宁、隆安、上林、融水、融安、柳城、兴宾区、象州、忻城、金秀、上思。

饲用价值：优。幼嫩植株可作猪、牛饲料。是一种外来入侵植物，根状茎繁殖很快，难以根除。

虾钳菜（小白花草、莲子草、米子草、白花仔、节节花）*Alternanthera sessilis*（L.）DC.

生境：水边或田边等潮湿处。

性状：一年生草本。

分布：柳城、柳江区、鹿寨、融水、融安、三江、金城江区、罗城、宜州区、环江、东兰、巴马、都安、大化、兴安、龙胜、灵川、恭城、荔浦、平乐、灌阳、永福、田东、田阳区、平果、凌云、田林、西林、隆林、乐业、德保、南宁、马山、合浦、上思、浦北、灵山、兴宾区、武宣、象州、忻城、合山、桂平、平南、港北区、富川、八步区、容县、博白、北流、天等。

饲用价值：优。幼嫩植株可作猪、牛饲料。

野苋 *Amaranthus blitum* L.

生境：旷野、山坡草地。

性状：一年生草本。

分布：陆川。

饲用价值：优。幼嫩茎叶可作猪、牛、羊饲料。

水苋菜（红米菜、老枪谷、尾穗苋）*Amaranthus caudatus* L.

生境：栽培植物，或为野生。

性状：一年生直立草本。

分布：南宁。

饲用价值：优。幼嫩茎叶可作猪、牛、羊饲料。

刺苋（筋苋菜）*Amaranthus spinosus* L.

生境：田野、路边、荒地。

性状：一年生草本。

分布：柳城、柳江区、鹿寨、融水、融安、金城江区、宜州区、环江、东兰、巴马、都安、大化、兴安、灵川、恭城、荔浦、平乐、永福、田东、田阳区、平果、凌云、田林、德保、南宁、马山、合浦、上思、浦北、灵山、兴宾区、武宣、象州、忻城、合山、桂平、富川、八步区、容县、北流、天等。

饲用价值：优。幼嫩时全草可作猪、牛、羊饲料。老植株有害。2010年被列入《中国外来入侵物种名单（第二批）》。

苋（苋菜、老来少、老少年）*Amaranthus tricolor* L.

生境：栽培蔬菜作物。

性状：一年生草本。

分布：南宁。

饲用价值：优。全株可作猪饲料。

绿苋（皱果苋）*Amaranthus viridis* L.

生境：田野、地边、杂草地、宅边。

性状：一年生草本。

分布：武宣、天峨、巴马。

饲用价值：优。全株可作猪、牛、羊饲料。

青葙（野鸡冠、青葙子）*Celosia argentea* L.

生境：荒地、耕地、庭园边、路边。

性状：一年生草本。

分布：柳城、柳江区、鹿寨、融水、融安、三江、金城江区、罗城、宜州区、环江、东兰、巴马、凤山、南丹、天峨、都安、大化、兴安、全州、资源、龙胜、灵川、恭城、荔浦、平乐、灌阳、永福、田东、田阳区、平果、凌云、田林、西林、隆林、乐业、德保、南宁、马山、合浦、上思、浦北、灵山、兴宾区、武宣、象州、忻城、金秀、合山、桂平、平南、港北区、富川、八步区、容县、博白、北流、天等、宁明等。

饲用价值：优。全株可作猪、牛、羊饲料。

亚麻科 Linaceae

白花柴（白花树、米念芭）*Tirpitzia ovoidea* Chun et How ex Sha

生境：石山、山坡。

性状：常绿灌木或小乔木。

分布：南宁、上林、恭城、藤县、罗城、巴马、凤山、龙州、大新、靖西、德保。

饲用价值：低。幼嫩茎叶可作家畜饲料。

落葵科 Basellaceae

落葵（红藤菜、豆腐菜、藤菜、胭脂豆）*Basella alba* L.（*Basella rubra* L.）

生境：栽培蔬菜。

性状：一年生缠绕草本。

分布：南宁。

饲用价值：优。全株可作猪饲料。

酢浆草科 Oxalidaceae

阳桃 *Averrhoa carambola* L.

生境：栽培树种。

性状：常绿乔木。

分布：合浦。

饲用价值：低。嫩叶可作牛粗饲料。果可食。

酢浆草（酸味草、黄花酢浆草、满天星）*Oxalis corniculata* L.

生境：空旷地、田边。

性状：多年生多枝草本。

分布：柳城、柳江区、鹿寨、融水、融安、三江、金城江区、罗城、宜州区、环江、东兰、巴马、凤山、南丹、天峨、都安、大化、兴安、全州、资源、龙胜、灵川、恭城、荔浦、平乐、灌阳、永福、田东、田阳区、平果、凌云、田林、西林、隆林、乐业、德保、南宁、马山、合浦、上思、浦北、灵山、兴宾区、武宣、象州、忻城、金秀、合山、桂平、平南、港北区、富川、八步区、容县、博白、北流、天等、宁明等。

饲用价值：低。幼嫩茎叶可作猪、牛饲料。

红花酢浆草（大酸味草、地人参）*Oxalis corymbosa* DC.

生境：菜地、空旷肥沃湿润处。

性状：多年生直立无茎草本。

分布：柳城、柳江区、鹿寨、融水、融安、三江、金城江区、罗城、宜州区、环江、东兰、巴马、凤山、南丹、天峨、都安、大化、兴安、全州、资源、龙胜、灵川、恭城、荔浦、平乐、灌阳、永福、田东、田阳区、平果、凌云、田林、西林、隆林、乐业、德保、南宁、马山、合浦、上思、浦北、灵山、兴宾区、武宣、象州、忻城、金秀、合山、桂平、平南、港北区、富川、八步区、容县、博白、北流、天等、宁明等。

饲用价值：低。幼嫩茎叶可作猪、牛饲料。

山酢浆草（三角叶酢浆草、三块瓦）*Oxalis griffithii* Edgeworth et J. D. Hooker

生境：林下较湿润处。
性状：一年生草本。
分布：浦北。
饲用价值：中。幼嫩茎叶可作猪、牛饲料。

凤仙花科 Balsaminaceae

凤仙花（指甲花、灯盏花）*Impatiens balsamina* L.

生境：栽培花卉。
性状：一年生草本。
分布：防城区、龙胜。
饲用价值：劣。全株有小毒。

大叶水指甲（黄金凤）*Impatiens siculifer* Hook. f.

生境：山坡草地、草丛、山谷潮湿处、密林。
性状：一年生草本。高可达 60 cm。
分布：融水。
饲用价值：劣。全株有小毒。

千屈菜科 Lythraceae

浆果水苋（细叶水苋）*Ammannia baccifera* L.

生境：潮湿处、田中。
性状：一年生草本。
分布：都安。
饲用价值：中。嫩苗可作猪饲料。

节节菜（碌耳草）*Rotala indica*（Willd.）Koehne.

生境：水田、湿地。
性状：一年生草本。

分布：北海。
饲用价值：良。嫩叶可作猪饲料。

圆叶节节菜（水瓜子、过塘蛇、红眼猫）*Rotala rotundifolia*（Buch.-Ham. ex Roxb.）Koehne

生境：水田、湿地。
性状：一年生草本。
分布：合浦。
饲用价值：良。幼嫩植株可作牛饲料。

石榴科 Punicaceae

石榴（安石榴）*Punica granatum* L.

生境：栽培果树。
性状：落叶灌木或小乔木。
分布：南宁。
饲用价值：低。幼嫩茎叶可作牛饲料。

柳叶菜科 Onagraceae

草龙（假水瓜、小锁匙筒、水仙桃）*Jussiaea linifolia* Vahl

生境：路边湿润处、稻田。
性状：一年生直立草本。
分布：合浦、都安。
饲用价值：优。幼嫩茎叶可作家畜饲料。

水龙（过塘蛇、鱼泡菜、鱼鳔草）*Ludewigia adscendens*（L.）Hara（*Jussiaea adscendens* L.；*Jussiaea repens* L.）

生境：水田、浅水池塘。
性状：多年生肉质草本。
分布：合浦。

饲用价值：低。全株可作鱼饲料。

丁香蓼 ***Ludwigia prostrata*** Roxb.

生境：田间、水边沼泽。
性状：一年生草本。
分布：灌阳。
饲用价值：中。幼嫩植株可作牛饲料。

菱　科　Hydrocaryaceae

欧菱（菱、菱角）***Trapa natans*** Linn.
（***Trapa bicornis*** Osb.）

生境：栽培作物。
性状：一年生水生草本。
分布：南宁。
饲用价值：中。全株可作猪饲料。

瑞香科　Thymelaeaceae

了哥王（南岭荛花、地端皮）***Wikstroemia indica***（L.）C. A. Mey.

生境：山坡、荒地、林下、路边、庭园边。
性状：小灌木。
分布：柳城、柳江区、鹿寨、融水、融安、三江、金城江区、罗城、宜州区、环江、东兰、巴马、凤山、南丹、天峨、都安、大化、兴安、全州、资源、龙胜、灵川、恭城、荔浦、平乐、灌阳、永福、田东、田阳区、平果、凌云、田林、西林、隆林、乐业、德保、南宁、马山、合浦、上思、浦北、灵山、兴宾区、武宣、象州、忻城、金秀、合山、桂平、平南、港北区、富川、八步区、容县、博白、北流、天等、宁明等。
饲用价值：劣。全株有毒。

马桑科 Coriariaceae

马桑（马鞍子）***Coriaria nepalensis*** Wall.

生境：低中山或丘陵的山坡。

性状：落叶有毒灌木。

分布：都安、东兰。

饲用价值：劣。全株有毒，尤其是嫩叶、果和种子。寄生于其上的植物也会变得有毒。

海桐花科 Pittosporaceae

光叶海桐（长果满天香、一朵云）***Pittosporum glabratum*** Lindl.

生境：山谷或山坡的林中。

性状：灌木或乔木。

分布：防城区。

饲用价值：低。幼嫩茎叶可作羊饲料。老茎叶有害。

大风子科 Flacourtiaceae

柞木（刺凿）***Xylosma congesta***（Lour.）Merr.

生境：山坡灌木丛。

性状：常绿灌木。

分布：都安。

饲用价值：低。幼嫩茎叶可作山羊饲料。老植株有害。

天料木科 Samydaceae

毛嘉赐树（脚骨脆）***Casearia velutina*** Bl.
（***Casearia villilimba*** Merr.）

生境：山坡灌木丛。

性状：灌木。
分布：都安。
饲用价值：低。幼嫩茎叶可作山羊饲料。

转心莲科（西番莲科） Passifloraceae

大果西番莲（日本瓜、大转心莲）*Passiflora quadrangularis* L.

生境：栽培饲料作物。
性状：多年生藤本。
分布：南宁。
饲用价值：良。果可作猪多汁饲料，嫩叶可作牛饲料。

葫芦科 Cucurbitaceae

西瓜 *Citrullus vulgaris* Schrad. ex Kckl. et Zeyh.

生境：栽培经济作物。
性状：一年生草本。
分布：南宁。
饲用价值：嫩叶为中，可作猪饲料；果为优，可作猪多汁饲料。

南瓜（金瓜）*Cucurbita moschata*（Duch. ex Lam.）Duch. ex Poiret

生境：栽培蔬菜作物。
性状：一年生草质藤本。
分布：南宁、武宣、兴宾区。
饲用价值：良。幼嫩苗叶可作猪饲料，果可作猪多汁饲料。

水瓜 *Luffa cylindrica*（L.）Roem.

生境：栽培蔬菜植物。
性状：一年生草质藤本。
分布：武宣。
饲用价值：低。嫩叶可作猪、牛饲料。

木鳖 ***Momordica cochinchinensis***（Lour.）Spreng.

生境：山坡或林边的土层深厚处，或为栽培植物。

性状：多年生草质藤本。

分布：防城区。

饲用价值：劣。植株有毒。

罗汉果 ***Siraitia grosvenorii***（Swingle）C. Jeffrey ex Lu et Z. Y. Zhang（***Momordica grosvenorii*** Swingle）

生境：栽培药用植物。局部地区已成野生状态。

性状：多年生攀缘草质藤本。

分布：永福。

饲用价值：低。嫩叶可作牛饲料。

茅瓜 ***Solena amplexicaulis***（Lam.）Gandhi [***Melothria heterophylla***（Lour.）Cogn.]

生境：沟边、园边、林边。

性状：多年生草质藤本。

分布：河池。

饲用价值：中。幼嫩茎叶可作羊饲料。

栝楼（瓜蒌、天花粉）***Trichosanthes kirilowii*** Maxim.

生境：山坡、林下、灌木丛、石缝阴湿处、草地、村边、田边，或攀缘于其他树上，或为栽培植物。

性状：多年生攀缘草质藤本。

分布：马山。

饲用价值：低。花期 5 ～ 8 月，果期 8 ～ 10 月。幼嫩茎叶可作牛、羊饲料。

密毛栝楼 ***Trichosanthes villosa*** Bl.

生境：山坡、疏林。

性状：多年生攀缘藤本。

分布：那坡。

饲用价值：低。花期 12 月至翌年 7 月，果期 9 ～ 11 月。幼嫩茎叶可作牛、羊饲料。

马瓟儿（老鼠拉冬瓜、小老鼠瓜）*Zehneria japonica*（Thunbcrg.）H. Y. Lin（***Melothria indica*** Lour.）

生境：山坡、林下、路边、田边、灌木丛。
性状：攀缘或平卧草质藤本。块根薯状。
分布：防城区、灵山、兴宾区、南宁。
饲用价值：低。花期 4 ～ 7 月。幼嫩植株可作羊饲料。

秋海棠科 Begoniaceae

石上莲（石上海棠）*Begonia bretschneideriana* Hemsl.

生境：石壁阴湿处。
性状：多年生小草本。
分布：防城区。
饲用价值：中。幼嫩茎叶可作山羊饲料。

木瓜科（番木瓜科、万寿果科） Caricaceae

木瓜（番木瓜、万寿果）*Carica papaya* L.

生境：栽培果树。
性状：软质小乔木。
分布：南宁、北海、钦州、防城区、百色。
饲用价值：良。果味甜，可作猪、奶牛多汁饲料。

仙人掌科 Cactaceae

仙人掌 *Opuntia stricta* var. ***dillenii***（Ker-Gawl.）Benson

生境：栽培植物。
性状：多年生肉质植物。
分布：北海、南宁、百色、河池、桂林、柳州、贵港。

饲用价值：良。果肉可食，可作猪多汁饲料。老植株有害。

山茶科 Theaceae

大萼红淡 *Adinandra macrosepala* F. P. Metc.

生境：海拔 250 ～ 1300 m 的山坡或林下湿地。

性状：灌木或小乔木。

分布：浦北。

饲用价值：低。嫩叶可作羊饲料。

山茶（茶花）*Camellia japonica* L.

生境：栽培经济作物。

性状：灌木或小乔木。

分布：南宁。

饲用价值：中。种子经榨油后所产生油粕可作猪饲料。

油茶（茶油树）*Camellia oleifera* Abel.

生境：栽培油料作物。

性状：灌木或小乔木。

分布：南宁。

饲用价值：中。山羊采食嫩叶。是重要的木本油料植物，种子经榨油后所产生油粕可作猪饲料。

茶（茶叶）*Camellia sinensis*（L.）O. Ktze.

生境：栽培经济作物。

性状：落叶灌木或小乔木。

分布：南宁、桂林、柳州、百色、河池。

饲用价值：中。幼嫩茎叶可作牛、山羊饲料。

米碎花 *Eurya chinensis* R. Br.

生境：丘陵或中山的荒山草地、树边、河边、灌木丛。

性状：小灌木。

分布：浦北、灌阳。

饲用价值：中。牛、羊采食幼嫩枝叶。

华南毛柃 *Eurya ciliata* Merr.

生境：山坡灌木丛。
性状：灌木。
分布：东兰。
饲用价值：低。嫩叶可作山羊饲料。

乌叶木荷（峨眉木荷）*Schima wallichii*（DC.）Choisy

生境：山坡、旷野。
性状：常绿乔木。
分布：东兰。
饲用价值：低。嫩叶可作山羊饲料。

水东哥科 Saurauiaceae

水东哥（米花树、山枇杷、白饭果、白饭木、鼻涕果）*Saurauia tristyla* DC.

生境：丘陵、低山山谷或山坡的林中。
性状：灌木或小乔木。
分布：浦北、融水。
饲用价值：良。幼嫩茎叶可作牛、羊饲料。果味甜，可食。

桃金娘科 Myrtaceae

岗松（扫把枝、石松草）*Baeckea frutescens* L.

生境：山坡、林下。
性状：灌木。
分布：南宁、合浦、北海、梧州、钦州、合山、兴宾区、武宣、金秀、融安、融水。
饲用价值：劣。幼嫩茎叶可作山羊粗饲料。

柠檬桉（香桉）***Eucalyptus citriodora*** Hook. f.

生境：栽培造林树种。

性状：常绿高大乔木。

分布：南宁、来宾、北海。

饲用价值：劣。嫩叶可作山羊粗饲料。

蓝桉 ***Eucalyptus globulus*** Labill.

生境：栽培树种。

性状：高大乔木。

分布：象州。

饲用价值：对牛较低，对山羊为中。牛、羊采食嫩叶。

大叶桉（桉树）***Eucalyptus robusta*** Sm.

生境：栽培造林树种。

性状：常绿高大乔木。

分布：南宁、来宾、北海。

饲用价值：低。牛、山羊采食幼嫩茎叶。

番石榴（鸡矢果、番桃）***Psidium guajava*** L.

生境：栽培果树，或为野生。

性状：灌木或小乔木。

分布：南宁、合浦、北海、钦州、合山、兴宾区、武宣、平果、田东、田林。

饲用价值：低。牛、山羊采食嫩叶。果可食。

桃金娘（豆稔、山稔、岗稔、稔子树）***Rhodomyrtus tomentosa***（Ait.）Hassk.

生境：山坡、林下。

性状：灌木。

分布：柳城、柳江区、鹿寨、融水、融安、三江、金城江区、罗城、宜州区、环江、东兰、巴马、凤山、南丹、天峨、都安、大化、兴安、龙胜、灵川、恭城、荔浦、平乐、灌阳、永福、田东、田阳区、平果、凌云、田林、西林、隆林、乐业、德保、南宁、马山、合浦、上思、浦北、灵山、兴宾区、武宣、象州、忻城、合山、桂平、平南、港北区、富川、八步区、容县、博白、北流、天等、宁明等。

饲用价值：低。幼嫩茎叶可作牛、山羊饲料。皮、枝、叶含单宁。果味甜，可食。

野牡丹科 Melastomataceae

柏拉木（野锦香、崩疮药）*Blastus cochinchinensis* Lour.

生境：山坡草地、旷野、林下。

性状：灌木。

分布：南宁。

饲用价值：劣。幼嫩茎叶可作牛、山羊粗饲料。

野牡丹 *Melastoma candidum* D. Don

生境：山坡草地、林下。

性状：直立灌木。

分布：柳城、柳江区、鹿寨、融水、融安、三江、金城江区、罗城、宜州区、环江、东兰、巴马、凤山、南丹、天峨、都安、大化、兴安、龙胜、灵川、恭城、荔浦、平乐、灌阳、永福、田东、田阳区、平果、凌云、田林、西林、隆林、乐业、德保、南宁、马山、合浦、上思、浦北、灵山、兴宾区、武宣、象州、忻城、合山、桂平、平南、港北区、富川、八步区、容县、博白、北流、天等、宁明等。

饲用价值：低。牛、山羊采食幼嫩茎叶。

地菍（地棯、铺地锦、山地棯、地枇杷）*Melastoma dodecandrum* Lour.

生境：山坡、林下、灌木丛。

性状：披散或匍匐状半灌木。

分布：柳城、柳江区、鹿寨、融水、融安、三江、金城江区、罗城、宜州区、环江、东兰、巴马、凤山、南丹、天峨、都安、大化、兴安、龙胜、灵川、恭城、荔浦、平乐、灌阳、永福、田东、田阳区、平果、凌云、田林、西林、隆林、乐业、德保、南宁、马山、合浦、上思、浦北、灵山、兴宾区、武宣、象州、忻城、合山、桂平、平南、港北区、富川、八步区、容县、博白、北流、天等、宁明等。

饲用价值：中。牛、羊采食幼嫩茎叶。果可食。

展毛野牡丹（爆牙郎、肖野牡丹、白爆牙郎）*Melastoma malabathricum* Linn.（*Melastoma normale* D. Don）

生境：山坡、林下。

性状：直立灌木。

分布：柳城、柳江区、鹿寨、融水、融安、三江、金城江区、罗城、宜州区、环江、东兰、巴马、凤山、南丹、天峨、都安、大化、兴安、全州、资源、龙胜、灵川、恭城、荔浦、平乐、灌阳、永福、田东、田阳区、平果、凌云、田林、西林、隆林、乐业、德保、南宁、马山、合浦、上思、浦北、灵山、兴宾区、武宣、象州、忻城、金秀、合山、桂平、平南、港北区、富川、八步区、容县、博白、北流、天等、宁明等。

饲用价值：低。牛、山羊采食幼嫩茎叶。

毛菍（毛稔、红爆牙郎）***Melastoma sanguineum*** Sims.

生境：山坡、林下。

性状：直立灌木。

分布：东兰、金城江区、巴马。

饲用价值：低。牛、山羊采食幼嫩茎叶。

金锦香（仰天钟、金香炉、天香炉）***Osbeckia chinensis*** L.

生境：山坡、林下。

性状：半灌木或草本。

分布：合浦、灵山、钦州、上思、东兰、环江、兴宾区、武宣、全州、龙胜、兴安。

饲用价值：低。牛、山羊采食幼嫩茎叶。

星毛金锦香（朝天罐）***Osbeckia stellata*** Buch.-Ham. ex D. Don（***Osbeckia crinita*** Benth ex C. B. Clarke）

生境：山坡草地、林下。

性状：灌木。

分布：柳城、柳江区、鹿寨、融水、融安、三江、金城江区、罗城、宜州区、环江、东兰、巴马、凤山、南丹、天峨、都安、大化、兴安、龙胜、灵川、恭城、荔浦、平乐、灌阳、永福、田东、田阳区、平果、凌云、田林、西林、隆林、乐业、德保、南宁、马山、合浦、上思、浦北、灵山、兴宾区、武宣、象州、忻城、合山、桂平、平南、港北区、富川、八步区、容县、博白、北流、天等、宁明等。

饲用价值：劣。山羊微食幼嫩茎叶。

尖子木 ***Oxyspora paniculata***（D. Don）DC.

生境：林下、灌木丛。

性状：直立灌木。

分布：都安。

饲用价值：低。山羊采食幼嫩茎叶。

蜂斗草 *Sonerila cantonensis* Stapf

生境：山坡、林下、灌木丛。
性状：直立灌木。
分布：环江。
饲用价值：低。花期 7 ～ 10 月。山羊采食幼嫩茎叶。

使君子科 Combretaceae

华风车子（使君子藤）*Combretum alfredii* Hance

生境：疏林下、路边。
性状：直立或攀缘灌木。
分布：防城区。
饲用价值：低。牛、羊采食幼嫩茎叶。

红树科 Rhizophoraceae

木榄 *Bruguiera gymnorrhiza*（L.）Savigny

生境：海滩红树林。
性状：灌木或乔木。
分布：防城区。
饲用价值：中。牛采食嫩叶。

秋茄树 *Kandelia candel*（L.）Druce

生境：海滩红树林。
性状：灌木或小乔木。
分布：防城区。
饲用价值：中。牛采食嫩叶。树皮含单宁。

红树（鸡笼答）*Rhizophora apiculata* Bl.

生境：海滩污泥红树林。
性状：灌木或小乔木。

分布：防城区。

饲用价值：中。牛采食嫩叶。

红海榄 ***Rhizophora stylosa*** Griff.

生境：海滩污泥红树林。

性状：灌木或小乔木。

分布：防城区。

饲用价值：中。牛采食嫩叶。

金丝桃科 Hypericaceae

黄牛木（狗牙木、狗牙茶）***Cratoxylum cochinchinense***（Lour.）Bl.（***Cratoxylum ligustrinum*** Bl.）

生境：阳坡次生林、灌木丛。

性状：灌木或小乔木。

分布：防城区、合浦、都安。

饲用价值：低。牛、羊采食幼嫩茎叶。

野金丝桃（赶山鞭）***Hypericum attenuatum*** Choisy

生境：山坡、林下。

性状：多年生草本。

分布：灌阳。

饲用价值：低。牛、羊采食幼嫩茎叶。

田基黄（地耳草）***Hypericum japonicum*** Thunb. ex Murray

生境：荒地、耕地、林下、低湿地。

性状：一年生小草本。

分布：柳城、柳江区、鹿寨、融水、融安、三江、金城江区、罗城、宜州区、环江、东兰、巴马、凤山、南丹、天峨、都安、大化、兴安、全州、资源、龙胜、灵川、恭城、荔浦、平乐、灌阳、永福、田东、田阳区、平果、凌云、田林、西林、隆林、乐业、德保、南宁、马山、合浦、上思、浦北、灵山、兴宾区、武宣、象州、忻城、金秀、合山、桂平、平南、港北区、富川、八步区、容县、博白、北流、天等、宁明等。

饲用价值：低。牛、羊采食幼嫩植株。

金丝桃 ***Hypericum monogynum*** L.
（***Hypericum chinense*** L.）

生境：山坡、林下。
性状：半常绿小灌木。
分布：灌阳、全州、武宣。
饲用价值：低。牛、羊采食幼嫩茎叶。

元宝草（王不留行、小连翘） ***Hypericum sampsonii*** Hance

生境：山坡、路边阴湿处。
性状：多年生草本。
分布：融水。
饲用价值：劣。牛、羊微食幼嫩茎叶。

猕猴桃科 Actinidiaceae

糙毛猕猴桃 ***Actinidia fulvicoma*** var. ***hirsuta*** Finet & Gagnepain
[***Actinidia fulvicoma*** f. ***hirsuta***（Fin. et Gagn.）C. F. Liang]

生境：低山或中山的林中。
性状：常绿藤本。
分布：那坡。
饲用价值：良。花期 5 ～ 6 月。幼嫩茎叶可作牛、羊饲料。

山竹子科 Guttiferae

横经席（薄叶红厚壳、小果海棠、薄叶胡桐） ***Calophyllum membranaceum*** Gardn. et Champ.

生境：山地、丘陵、林中。
性状：乔木。
分布：浦北、防城区。
饲用价值：中。山羊采食叶。

木竹子（多花山竹子、山桔子）***Garcinia multiflora*** Champ. ex Benth.

生境：山地、丘陵。
性状：常绿乔木。
分布：防城区。
饲用价值：中。山羊采食叶。

岭南山竹子（黄牙果）***Garcinia oblongifolia*** Champ. ex Benth.

生境：山坡湿润肥沃处。
性状：常绿乔木。
分布：合浦。
饲用价值：中。山羊采食叶。

椴树科 Tiliaceae

甜麻（假黄麻、针筒草）***Corchorus aestuans*** L.（***Corchorus acutangulus*** Lam.）

生境：路边、田边、草地。
性状：一年生草本。
分布：武宣。
饲用价值：中。嫩叶可作猪、牛、羊饲料。

黄麻 ***Corchorus capsularis*** L.

生境：主要栽培经济作物。
性状：一年生草本。
分布：南宁、河池。
饲用价值：低。牛、羊采食嫩叶。种子含有黄麻碱，不宜喂鹅。

破布叶（布渣叶）***Microcos paniculata*** L.

生境：丘陵、平地路边、山坡灌木丛。
性状：灌木或小乔木。
分布：防城区、北海。
饲用价值：低。牛、羊采食嫩叶。

毛刺蒴麻 ***Triumfetta cana*** **Bl.**
（*Triumfetta tomentosa* Bojer.）

生境：林地、灌木丛。

性状：直立分枝半灌木。

分布：东兰。

饲用价值：低。花期夏秋季。牛、羊采食嫩叶。

梧桐科 Sterculiaceae

昂天莲（假芙蓉、仰天盖、水麻）*Ambroma augusta*（L.）L. f.

生境：山谷、沟边、林边。

性状：灌木。

分布：浦北。

饲用价值：低。幼嫩茎叶可作牛、羊饲料。

山芝麻（野芝麻、山油麻）*Helicteres angustifolia* L.

生境：山坡、林下。

性状：小灌木。

分布：柳城、柳江区、鹿寨、融水、融安、三江、金城江区、罗城、宜州区、环江、东兰、巴马、凤山、南丹、天峨、都安、大化、兴安、全州、资源、龙胜、灵川、恭城、荔浦、平乐、灌阳、永福、田东、田阳区、平果、凌云、田林、西林、隆林、乐业、德保、南宁、马山、合浦、上思、浦北、灵山、兴宾区、武宣、象州、忻城、金秀、合山、桂平、平南、港北区、富川、八步区、容县、博白、北流、天等、宁明等。

饲用价值：低。羊采食幼嫩茎叶。

雁婆麻（硬毛山芝麻、肖婆麻、坡麻）*Helicteres hirsuta* Lour.
（*Helicteres spicata* Colebr. ex Roxb.）

生境：丘陵、山地灌木丛。

性状：灌木。

分布：浦北。

饲用价值：劣。牛、羊采食幼嫩茎叶。

剑叶山芝麻（万头果、坡芝麻）*Helicteres lanceolata* DC.

生境：丘陵或低山的草坡、灌木丛。
性状：灌木。
分布：浦北。
饲用价值：劣。羊微食幼嫩茎叶。

翻白叶树（半枫荷、大叶半枫荷、异叶翅子树、仙黄麻）*Pterospermum heterophyllum* Hance

生境：山坡、丘陵、林中。
性状：乔木。
分布：金秀。
饲用价值：低。嫩叶可作牛、山羊饲料。

木棉科 Bombacaceae

木棉（红棉、英雄树）*Gossampinus malabarica*（DC.）Merr.（*Bombax malabaricum* DC.）

生境：丘陵、低山次生林。
性状：落叶高大乔木。
分布：南宁。
饲用价值：低。山羊采食嫩叶。

锦葵科 Malvaceae

山芙蓉（假芙蓉、毛黄葵）*Abelmoschus crinitus* Wall.［*Hibiscus crinitus*（Wall）G. Don；*Hibiscus cancellatus* Roxb.］

生境：路边、山坡、灌木丛。
性状：小灌木。
分布：东兰。
饲用价值：中。牛、羊采食嫩叶。

黄葵（野棉、芙蓉麻、山油麻）*Abelmoschus moschatus* Medic.

生境：山谷、沟边、草坡。

性状：一年生或二年生草本。

分布：武宣、南丹、防城区。

饲用价值：中。幼嫩茎叶可作牛、羊饲料。

磨盘草（耳响草、磨子树）*Abutilon indicum*（L.）Sweet

生境：海滨、平原、沙地、空旷地、路边。

性状：一年生或多年生半灌木状草本。

分布：武宣、合浦。

饲用价值：低。牛、羊采食幼嫩植株。

海岛棉 *Gossypium barbadense* L.

生境：旷野、路边，多为栽培植物。

性状：半灌木。

分布：天峨。

饲用价值：中。牛、羊采食幼嫩茎叶。

木芙蓉（芙蓉花）*Hibiscus mutabilis* L.

生境：栽培绿化植物。

性状：落叶大灌木。

分布：南宁、巴马、天峨、环江、宜州区、鹿寨。

饲用价值：对山羊为中，对牛较低。嫩叶可作牛、羊饲料。

朱槿（扶桑、大红花）*Hibiscus rosa-sinensis* L.

生境：沟边、路边，或为栽培植物。

性状：直立分枝小灌木。

分布：巴马。

饲用价值：中。牛、羊采食幼嫩茎叶。

野西瓜苗 *Hibiscus trionum* L.

生境：田间、路边、山坡、旷野。

性状：一年生草本。

分布：巴马、南宁、兴宾区。

饲用价值：中。牛、羊采食幼嫩植株。

黄花棯 *Sida acuta* Burm. F.

生境：荒山、旷野。

性状：直立半灌木状草本。

分布：东兰。

饲用价值：中。山羊采食幼嫩植株。

白背黄花棯（麻笔）*Sida rhombifolia* L.
（*Sida alba* Cavanilles）

生境：田野、灌木丛。

性状：直立多枝半灌木。

分布：巴马、合浦、上思。

饲用价值：中。牛、山羊采食幼嫩茎叶。

地桃花（肖梵天花、痴头婆）*Urena lobata* L.

生境：田野、山坡。

性状：直立半灌木。

分布：柳城、柳江区、鹿寨、融水、融安、三江、金城江区、罗城、宜州区、环江、东兰、巴马、凤山、南丹、天峨、都安、大化、兴安、全州、资源、龙胜、灵川、恭城、荔浦、平乐、灌阳、永福、田东、田阳区、平果、凌云、田林、西林、隆林、乐业、德保、南宁、马山、合浦、上思、浦北、灵山、兴宾区、武宣、象州、忻城、金秀、合山、桂平、平南、港北区、富川、八步区、容县、博白、北流、天等、宁明等。

饲用价值：对山羊为中，对牛较低。牛、羊采食嫩叶。

梵天花（狗脚迹、野棉花）*Urena procumbens* L.

生境：田野、山坡。

性状：直立半灌木。

分布：防城区、合浦、北海。

饲用价值：低。牛、羊采食幼嫩茎叶。

虎皮楠科（交让木科）Daphniphyllaceae

牛耳枫（南岭虎皮楠、猪络木）*Daphniphyllum calycinum* Benth.

生境：山坡、林下。

性状：常绿灌木。

分布：平南、都安、融水、金秀、合浦。

饲用价值：中。山羊采食幼嫩茎叶。

绣球花科 Hydrangeaceae

常山（黄常山、鸡骨常山）*Dichroa febrifuga* Lour.

生境：林下、路边、溪边。

性状：落叶灌木。

分布：全州。

饲用价值：低。牛、羊采食幼嫩茎叶。

金缕梅科 Hamamelidaceae

野茶（杨梅叶蚊母树、萍紫）*Distylium myricoides* Hemsl.

生境：山坡、林中。

性状：常绿乔木或灌木。

分布：金秀。

饲用价值：低。牛、羊采食幼嫩茎叶。

枫香（香枫、枫树、路路通、黑饭木）*Liquidambar formosana* Hance

生境：山坡、林中、路边、庭园边。

性状：乔木。

分布：灵山、钦州、百色、金秀、来宾、兴安、桂林、环江、东兰、凤山、宜州区。

饲用价值：中。山羊采食嫩叶。叶可作天蚕饲料。

檵木（继木、羊角树、继花、继树、鱼骨柴）*Loropetalum chinense*（R. Br.）Oliv.

生境：丘陵、荒山灌木丛。

性状：落叶灌木。

分布：兴安、全州、灌阳、灵川、恭城、金秀、都安。

饲用价值：中。山羊采食幼嫩茎叶。

红花檵木（红花继木、红继木）***Loropetalum chinense*** var. ***rubrum*** Yieh

生境：丘陵、荒山灌木丛。

性状：落叶灌木。

分布：桂林。

饲用价值：中。山羊采食幼嫩茎叶。

壳菜果（米老排、朔潘、鹤掌叶）***Mytilaria laosensis*** Lec.

生境：丘陵、荒山灌木丛。

性状：常绿乔木。

分布：南宁。

饲用价值：良。山羊采食幼嫩茎叶。

辣木科 Moringaceae

辣木 ***Moringa oleifera*** Lam.

生境：栽培植物。

性状：乔木。高 3 ～ 12 m。

分布：南宁。

饲用价值：中。花期全年，果期 6 ～ 12 月。牛、山羊采食幼嫩茎叶。

悬铃木科 Platanaceae

悬铃木（法国梧桐）***Platanus orientalis*** L.

生境：栽培造林树种。

性状：乔木。

分布：南宁。

饲用价值：低。山羊采食嫩叶。

杨柳科 Salicaceae

响叶杨 ***Populus adenopoda*** Maxim.

生境：低中山或丘陵的向阳处灌木丛。

性状：乔木。

分布：东兰。

饲用价值：良。叶可作牛、羊饲料。

杨梅科 Myricaceae

青杨梅（火梅、青梅）***Myrica adenophora*** Hance

生境：山坡、林下。

性状：常绿灌木。

分布：浦北、河池、凤山。

饲用价值：中。牛、羊采食嫩叶。

毛杨梅 ***Myrica esculenta*** Buch.-Ham. ex D. Don

生境：村边、旷野。

性状：乔木。

分布：东兰。

饲用价值：中。山羊采食嫩叶。

杨梅（树梅、珠红）***Myrica rubra***（Lour.）S. et Z.

生境：山坡、路边、庭园边。

性状：常绿乔木。

分布：环江、上思、荔浦。

饲用价值：低。山羊采食嫩叶。果可食。

桦木科 Betulaceae

西桦（西南桦木）*Betula alnoides* Buch.-Ham. ex D. Don

生境：山坡、林中。
性状：乔木。
分布：巴马、东兰。
饲用价值：低。山羊采食嫩叶。

壳斗科 Fagaceae

锥栗（珍珠栗）*Castanea henryi*（Skan）R. et W.

生境：山坡、路边、庭园边。
性状：落叶乔木。
分布：龙胜、资源、全州、兴安、恭城、平乐、荔浦、灌阳。
饲用价值：劣。嫩叶可作羊粗饲料，也可作柞蚕饲料。种子富含淀粉。

板栗（栗）*Castanea mollissima* Bl.

生境：栽培果树。
性状：落叶乔木。
分布：凤山、巴马、东兰、田林、隆林、西林、南宁。
饲用价值：劣。种子富含淀粉，可供食用。

华南锥 *Castanopsis concinna*（Champ. ex Benth.）A. DC.

生境：山坡、林中。
性状：乔木。
分布：环江。
饲用价值：低。花期 4 ～ 5 月。山羊采食嫩叶。

槲栎 *Quercus aliena* Bl.

生境：山坡、林中。
性状：落叶乔木。
分布：东兰。
饲用价值：低。山羊采食嫩叶。

白栎（白反栎、青冈树）*Quercus fabri* Hance

生境：山坡、林中。
性状：落叶乔木。
分布：环江。
饲用价值：低。山羊采食嫩叶。

榆　科　Ulmaceae

朴树（沙朴）*Celtis sinensis* Pers.

生境：常栽培于庭园、村边。
性状：乔木。
分布：都安。
饲用价值：中。山羊、马采食叶。

光叶山黄麻 *Trema cannabina* Lour.

生境：山坡、河堤。
性状：小灌木。
分布：上思。
饲用价值：中。花期 3 ～ 6 月。山羊、马采食叶。

山黄麻（九层麻）*Trema tomentosa*（Roxb.）Hara [*Trema orientalis* auct. non（L.）Bl.]

生境：旷野、河堤。
性状：小灌木。
分布：东兰。
饲用价值：中。山羊、马采食叶。

桑　科　Moraceae

木菠萝（波罗蜜）*Artocarpus heterophyllus* Lam.

生境：栽培树种。

性状：常绿乔木。

分布：南宁。

饲用价值：低。嫩叶可作牛、羊饲料。果可食。种子含淀粉。

红面将军（将军村、白桂木）***Artocarpus hypargyreus*** Hance

生境：山坡、沟谷、常绿阔叶林。

性状：常绿乔木。

分布：融安。

饲用价值：低。山羊采食嫩叶。

藤构（楮、谷沙藤、葡蟠、小构树）***Broussonetia kazinoki*** Sieb.

生境：山坡灌木丛、次生杂木林。

性状：落叶灌木。

分布：融水、融安、鹿寨、罗城、环江、宜州区、金城江区、恭城、荔浦。

饲用价值：优。叶可作猪、山羊饲料。

沙皮树（构树、肥猪树、沙纸树、楮树）***Broussonetia papyrifera***（L.）L'Hér. ex Vent.

生境：村边、石灰岩山地，或为栽培植物。

性状：落叶乔木。

分布：柳城、柳江区、鹿寨、融水、融安、三江、金城江区、罗城、宜州区、环江、东兰、巴马、凤山、南丹、天峨、都安、大化、兴安、全州、资源、龙胜、灵川、恭城、荔浦、平乐、灌阳、永福、田东、田阳区、平果、凌云、田林、西林、隆林、乐业、德保、南宁、马山、合浦、上思、浦北、灵山、兴宾区、武宣、象州、忻城、金秀、合山、桂平、平南、港北区、富川、八步区、容县、博白、北流、天等、宁明等。

饲用价值：优。叶可作猪、牛、羊饲料。

大果榕 ***Ficus auriculata*** Lour.

生境：荒山、草坡、河沟边、田边地角、庭园周围。

性状：乔木。

分布：龙胜。

饲用价值：中。花期8月至翌年3月。嫩叶可作牛、羊饲料。

无花果（蜜果、映日果）***Ficus carica*** L.

生境：栽培树种。

性状：小乔木。

分布：桂林。

饲用价值：中。嫩叶可作牛、羊饲料。果可食。

雅榕（万年青）*Ficus concinna* Miq.
（*Ficus lacor* auct non Buch.-Ham. Rehder）

生境：疏林、溪边。

性状：落叶大乔木。

分布：天峨。

饲用价值：中。山羊采食幼嫩茎叶。

牛奶榕（天仙果）*Ficus erecta* var. *beecheyana*（Hook. et Arn.）King

生境：山坡、林下、溪边。

性状：落叶灌木。

分布：环江。

饲用价值：中。嫩叶可作牛、羊饲料。

台湾榕（长叶牛奶树）*Ficus formosana* Maxim.
（*Ficus taiwanicola* Hayata.）

生境：溪边灌木丛。

性状：灌木。

分布：钦州。

饲用价值：中。牛、羊采食嫩叶。

金毛榕（黄毛榕、老虎掌、老鸦风）*Ficus fulva* Reinw. ex Blume

生境：沟谷、林中。

性状：小乔木或灌木。

分布：融水。

饲用价值：良。花期 9 月至翌年 4 月。叶可作牛、羊饲料。

对叶榕（大牛奶）*Ficus hispida* L. f.

生境：溪边、疏林、灌木丛。

性状：灌木或小乔木。高 3 ～ 5 m。

分布：融水。

饲用价值：中。全株具乳汁。幼枝被刚毛，中空。花期 6 ～ 7 月。嫩叶可作牛、羊饲料。

榕树（小叶榕、细叶榕）***Ficus microcarpa*** L. f.

生境：山坡、林中、村边。
性状：常绿大乔木。
分布：南宁、忻城。
饲用价值：中。牛、羊采食嫩叶。

琴叶榕 ***Ficus pandurata*** Hance

生境：山地和丘陵的灌木丛或疏林。
性状：落叶小乔木。
分布：合浦、浦北。
饲用价值：中。

凉粉果（薜荔、王不留行、水馒头）***Ficus pumila*** L.

生境：丘陵。
性状：攀缘或匍匐灌木。
分布：广西各地。标本采集于合浦、灵山、东兰、巴马、全州、灌阳、武宣、象州。
饲用价值：中。牛、羊采食嫩叶。

粗叶榕（牛奶木、五指毛桃）***Ficus simplicissima*** Lour.

生境：山坡、林下。
性状：灌木或小乔木。
分布：东兰、环江。
饲用价值：中。牛、羊采食嫩叶。

五指牛奶（掌叶榕）***Ficus simplicissima*** var. ***hirta***.（Vahl）Migo（***Ficus hirta*** Vahl）

生境：田野、山谷、水边、林中。
性状：灌木或小乔木。
分布：灌阳。
饲用价值：良。嫩叶可作猪、牛、羊饲料。

爬地牛奶（地瓜榕、地枇杷、覆坡虎、地石榴）***Ficus tikoua*** Bur.（***Ficus bonatii*** H. Lév.）

生境：低山、丘陵、疏林、草地、岩石缝中。

性状：落叶匍匐木质藤木。

分布：柳城、柳江区、鹿寨、融水、融安、三江、金城江区、罗城、宜州区、环江、东兰、巴马、凤山、南丹、天峨、都安、大化、兴安、全州、资源、龙胜、灵川、恭城、荔浦、平乐、灌阳、永福、田东、田阳区、平果、凌云、田林、西林、隆林、乐业、德保、南宁、马山、合浦、上思、浦北、灵山、兴宾区、武宣、象州、忻城、金秀、合山、桂平、平南、港北区、富川、八步区、容县、博白、北流、天等、宁明等。

饲用价值：良。嫩叶可作猪、牛、羊饲料。

斜叶榕 ***Ficus tinctoria*** subsp. ***gibbosa***（Bl.）Corner

生境：山谷、湿润林中。

性状：乔木。

分布：都安。

饲用价值：中。叶可作羊、马饲料。

构棘（七蔓芝、穿破石）***Maclura cochinchinensis***（Lour.）Corner [***Cudrania cochinchinensis***（Lour.）Kudo et Masam.]

生境：山坡灌木丛。

性状：常绿直立或攀缘灌木。

分布：柳城、柳江区、鹿寨、融水、融安、三江、金城江区、罗城、宜州区、环江、东兰、巴马、凤山、南丹、天峨、都安、大化、兴安、全州、资源、龙胜、灵川、恭城、荔浦、平乐、灌阳、永福、田东、田阳区、平果、凌云、田林、西林、隆林、乐业、德保、南宁、马山、合浦、上思、浦北、灵山、兴宾区、武宣、象州、忻城、金秀、合山、桂平、平南、港北区、富川、八步区、容县、博白、北流、天等、宁明等。

饲用价值：良。花期 4 ～ 5 月。嫩叶可作牛、羊饲料。果可食。老植株有害。

桑（桑树）***Morus alba*** L.

生境：栽培树种。

性状：落叶灌木或小乔木。

分布：南宁、马山、巴马、金城江区、南丹、天峨、象州、柳城、柳江区、鹿寨、灵川、恭城。

饲用价值：优。牛、羊采食幼嫩茎叶。叶可作家蚕饲料。果可食。

荨麻科 Urticaceae

大叶苎麻（大蛮婆草、山苎、大水麻、水升麻、野线麻、大蛮婆草、火麻风、蒙自苎麻、山麻、野苎麻）***Boehmeria longispica*** Steud.
（***Boehmeria grandifolia*** Wedd.）

生境：山坡、沟边、林边。
性状：多年生草本。
分布：都安。
饲用价值：良。叶可作猪饲料。

水苎麻 ***Boehmeria macrophylla*** Hornem.

生境：沟边、林下。
性状：小灌木。
分布：巴马、东兰。
饲用价值：良。花期 7 ～ 9 月。幼嫩茎叶可作猪饲料。

苎麻（青麻、白背苎麻）***Boehmeria nivea***（L.）Gaud.

生境：栽培作物，或为野生。
性状：半灌木。
分布：环江、天峨、金城江区、罗城、都安、大化、田阳区、田东、田林、平果。
饲用价值：良。叶可作猪、牛饲料，也可作家蚕饲料。

伏毛苎麻 ***Boehmeria strigosifolia*** W. T. Wang

生境：丘陵或低山的灌木丛。
性状：小灌木。
分布：环江、天峨、金城江区、罗城、都安、大化、田阳区、田东、田林、平果。
饲用价值：良。花期 5 ～ 9 月。叶可作猪、牛饲料，也可作家蚕饲料。

蔓苎麻（糯米团、猪粥菜、蚌巢草、潘米条）***Gonostegia hirta***（Bl.）Miq.
（***Memorialis hirta*** Wedd.）

生境：溪边、林下草地。
性状：多年生草本。
分布：东兰、巴马、环江。
饲用价值：优。茎叶可作猪、牛、羊饲料。

紫麻 ***Oreocnide frutescens***（Thunb.）Miq.

生境：山谷、沟边、林边。
性状：小灌木。
分布：都安。
饲用价值：良。幼嫩茎叶可作猪饲料。

波缘冷水花（石油菜）***Pilea cavaleriei*** Lévl.（***Pilea cavaleriei*** subsp. ***valida*** C. J. Chen）

生境：阴地石灰岩石缝中。
性状：多年生无毛小草本。
分布：荔浦。
饲用价值：良。全株可作猪饲料。

雾水葛（糯米藤、粘榔根）***Pouzolzia zeylanica***（L.）Benn.

生境：林下、沟边、村边。
性状：多年生草本。
分布：兴安、都安。
饲用价值：中。幼嫩茎叶可作牛、羊饲料。

冬青科 Aquifoliaceae

秤星木（秤星树、梅叶冬青、百解茶、点秤星、点称星、红军草、岗梅根、土甘草、假青梅）***Ilex asprella***（Hook. et Arn.）Champ. ex Benth.

生境：山坡、灌木丛、疏林。
性状：落叶灌木。
分布：灵山、钦州、合浦、梧州、融水、融安、荔浦、阳朔、平乐、恭城、永福。
饲用价值：中。幼嫩茎叶可作牛、羊饲料。

冬青 ***Ilex chinensis*** Sims.

生境：山坡、疏林。
性状：常绿乔木。
分布：象州。
饲用价值：中。嫩叶可作牛、羊饲料。

米碎木（救必应、青皮香）*Ilex godajam*（Colebr. ex Wall.）Wall.

生境：山坡、林中。
性状：常绿灌木或小乔木。
分布：浦北。
饲用价值：中。牛、羊采食嫩叶。

毛冬青（喉毒药、乌尾丁、土甘草）*Ilex pubescens* Hook. et Arn.

生境：山坡、林中。
性状：常绿灌木。
分布：东兰。
饲用价值：中。牛、羊采食幼嫩茎叶。

铁冬青（救必应、熊胆木、狗屎木）*Ilex rotunda* Thunb.

生境：肥沃潮湿疏林、溪边。
性状：常绿乔木。
分布：钦州。
饲用价值：中。牛、羊采食嫩叶。

卫矛科 Celastraceae

疏花卫矛 *Euonymus laxiflorus* Champ. ex Benth.

生境：旷野、山坡灌木丛。
性状：直立灌木。
分布：都安。
饲用价值：劣。

茶茱萸科 Icacinaceae

微花藤（小果微花藤、花心藤）*Iodes vitiginea*（Hance）Hemsl.（*Iodes ovalis* Bl.）

生境：山坡灌木丛。

性状：多年生藤本。
分布：都安。
饲用价值：低。山羊采食幼嫩茎叶。

铁青树科 Olacaceae

青皮木（香青皮木）***Schoepfia jasminodora*** S. et Z.

生境：低中山疏林。
性状：小乔木。
分布：全州。
饲用价值：中。山羊采食嫩叶。

桑寄生科 Loranthaceae

扁枝槲寄生（无叶枫寄生）***Viscum articulatum*** Burm. f.

生境：常寄生于果树、枫香和栎上。
性状：常绿半寄生小灌木。
分布：浦北。
饲用价值：中。山羊采食幼嫩茎叶。

檀香科 Santalaceae

沙针 ***Osyris quadripartita*** Salzmann ex Decaisne（***Osyris wightiana*** Wall. ex Wight）

生境：石砾较多的坡地。
性状：常绿直立灌木。
分布：都安。
饲用价值：中。山羊采食幼嫩茎叶。

鼠李科 Rhamnaceae

多花勾儿茶（打炮子、黄鳝藤）*Berchemia floribunda*（Wall.）Brongn.

生境：石山、土坡、村边灌木丛。

性状：半藤本状常绿灌木。

分布：全州。

饲用价值：中。牛、山羊采食幼嫩茎叶。

铁包金（老鼠耳、黑口仔、老鼠屎、米拉藤、乌儿仔、鼠乳根、乌龙根）*Berchemia lineata*（L.）DC.

生境：山坡灌木丛。

性状：藤状灌木。

分布：南宁、马山、防城区、合浦、灵山、全州。

饲用价值：中。牛、羊采食嫩叶。

多叶勾儿茶 *Berchemia polyphylla* Wall. ex Laws.

生境：低山或丘陵的山坡、山谷灌木丛、林下。

性状：藤状灌木。

分布：都安。

饲用价值：中。山羊采食嫩叶。

勾儿茶 *Berchemia racemosa* S. et Z.

生境：山坡、林下。

性状：灌木。

分布：灌阳。

饲用价值：中。牛、羊采食幼嫩茎叶。

枳椇（万寿果、拐李、鸡爪树）*Hovenia dulcis* Thunb.

生境：阳光充足的沟边、路边、山谷。

性状：乔木。

分布：南宁。

饲用价值：中。牛、山羊采食嫩叶。

苦李根（黄药、过路黄、长叶冻绿）***Rhamnus crenata*** S. et Z.

生境：向阳山坡、林中。
性状：灌木。
分布：鹿寨。
饲用价值：劣。全株有毒。

红雀梅藤（红藤、梗花雀梅藤）***Sageretia henryi*** Drumm. et Sprague

生境：山坡草地、林下。
性状：攀缘灌木。
分布：都安。
饲用价值：中。牛、山羊采食幼嫩茎叶。

雀梅藤（对节刺、碎米子）***Sageretia thea***（Osbeck）Johnst.（***Sageretia theezans*** Brongn.）

生境：山坡、路边。
性状：攀缘灌木。
分布：象州。
饲用价值：中。牛、羊采食嫩叶。果可食。

酸枣（大枣、红枣）***Zizyphus jujuba*** Mill.

生境：栽培果树。
性状：灌木或小乔木。
分布：南宁。
饲用价值：中。牛、羊采食嫩叶。

葡萄科 Vitaceae

广东蛇葡萄（田浦茶）***Ampelopsis cantoniensis***（Hook. et Arn.）Planch.

生境：山坡、林下。
性状：木质藤本。
分布：环江、全州。
饲用价值：良。牛、羊采食幼嫩茎叶。果可食。

蛇葡萄（山葡萄、见毒消）***Ampelopsis glandulosa***（Wall.）Momiy ［***Ampelopsis brevipedunculata***（Max.）Trautv.］

生境：山坡、林中。

性状：木质藤本。

分布：合浦。

饲用价值：优。牛、羊采食幼嫩茎叶。果可食。

毛叶乌蔹莓（红母猪藤）***Cayratia japonica***（Thunb.）Gagnep. var. ***pubifolia*** Merr. et Chun

生境：山坡、路边、草丛、灌木丛。

性状：草质藤本。

分布：东兰、巴马、环江。

饲用价值：良。牛、羊采食幼嫩植株。

四方藤（红四方藤、翼枝白粉藤）***Cissus pteroclada*** Hayata

生境：山谷、林下。

性状：常绿藤本。

分布：防城区。

饲用价值：良。牛、羊采食幼嫩茎叶。

白薯藤（白粉藤）***Cissus repens***（Wight et Arn.）Lam.

生境：山坡、灌木丛，常攀缘于岩石或乔木上。

性状：藤本。

分布：都安。

饲用价值：中。山羊采食幼嫩茎叶。

掌叶白粉藤 ***Cissus triloba***（Lour.）Merr. （***Cissus modeccoides*** Planch.）

生境：山坡、林中。

性状：草质藤本。

分布：合浦。

饲用价值：劣。全株有小毒。

爬山虎 ***Parthenocissus tricuspidata***（Sieb. et Zucc.）Planch.

生境：山坡、灌木丛，常攀缘于岩石或乔木上。

性状：藤木。
分布：都安、金城江区。
饲用价值：中。花期6月。山羊采食幼嫩茎叶。

小果野葡萄 ***Vitis balanseana*** Planch.

生境：山坡、林下。
性状：木质藤本。
分布：武宣、忻城、上思。
饲用价值：优。牛、羊喜食幼嫩茎叶。

藤葡萄（蘡薁、野葡萄）***Vitis bryoniifolia*** Bunge
（***Vitis adstricta*** Hance）

生境：山坡、林中。
性状：木质藤本。
分布：巴马、东兰。
饲用价值：优。幼嫩茎叶可作猪、牛、羊饲料。

葡萄（草龙珠）***Vitis vinifera*** L.
［***Cissus vinifera***（L.）Kuntze；***Vitis sylvestris*** C. C. Gmel.；***Vitis vinifera*** subsp. ***sativa*** Hegi；***Vitis vinifera*** subsp. ***sylvestris***（C. C. Gmel.）Hegi］

生境：栽培水果植物。
性状：木质藤本。
分布：南宁。
饲用价值：优。牛、羊喜食幼嫩茎叶。

芸香科 Rutaceae

酒饼簕（酒饼药、东风桔、铜将军、狗骨簕）***Atalantia buxifolia***（Poir.）Oliv.

生境：山坡、石缝中、村边。
性状：常绿小乔木。
分布：浦北。
饲用价值：良。牛、山羊喜食幼嫩茎叶。

柠檬（广东柠檬、木黎檬）*Citrus limon*（L.）Burm. f.

生境：栽培植物，或为野生。

性状：常绿灌木。

分布：南宁、防城区。

饲用价值：低。牛、山羊采食嫩叶。老枝有害。

香橼（佛手柑）*Citrus medica* L.

生境：栽培树种。

性状：常绿小乔木或灌木。枝广展，有短硬棘刺。

分布：环江。

饲用价值：低。牛、山羊采食嫩叶。老枝有害。

黄皮（黄皮果）*Clausena lansium*（Lour.）Skeels

生境：栽培果树。

性状：乔木。

分布：合浦。

饲用价值：中。牛、羊采食嫩叶。果可食。

茶辣（吴茱萸、吴萸）*Evodia rutaecarpa*（Juss.）Benth.

生境：多为栽培植物。

性状：落叶小乔木。

分布：防城区。

饲用价值：低。牛、羊采食幼嫩茎叶。全株有小毒。

三桠苦（三叉苦、小黄散、鸡骨树、三丫苦、三叉虎、三枝枪）*Melicope pteleifolia*（Champion ex Bentham）T. G. Hartley

［*Evodia lepta*（Spreng.）Merr.］

生境：丘陵、坡地、林中、灌木丛。

性状：常绿灌木或小乔木。

分布：融安、柳江区、柳城、鹿寨、忻城、环江、罗城、宜州区。

饲用价值：良。牛、羊采食幼嫩茎叶。果可食。

飞龙掌血（见血飞、散血丹、红三百棒、三百棒、萱子刺）*Toddalia asiatica*（L.）Lam.

生境：山坡、林中。

性状：木质藤本。
分布：防城区。
饲用价值：中。牛、羊采食嫩叶。老植株有害。

樱叶花椒（椿叶花椒）*Zanthoxylum ailanthoides* Sieb. et. Zucc.

生境：密林、湿润处。
性状：乔木。
分布：武宣。
饲用价值：良。山羊采食嫩叶。

竹叶椒（山花椒、土花椒）*Zanthoxylum armatum* DC.（*Zanthoxylump lanispinam* S. et Z.；*Zanthoxylum alatum* Roxb.）

生境：山坡、路边、灌木丛。
性状：常绿灌木。
分布：马山。
饲用价值：低。牛、山羊采食幼嫩茎叶。老植株有害。

岭南花椒（搜山虎）*Zanthoxylum austrosinense* Huang

生境：石灰岩山坡、灌木丛。
性状：落叶灌木。
分布：融安。
饲用价值：良。牛、山羊采食嫩叶。

簕欓花椒（簕档、鹰不泊、画眉跳）*Zanthoxylum avicennae*（Lam.）DC.

生境：山坡、路边、疏林下、灌木丛。
性状：常绿灌木或小乔木。
分布：防城区、合浦。
饲用价值：中。山羊采食茎叶。老植株有害。

白皮两面针（山枇杷、蚌壳椒、公麒麟）*Zanthoxylum dissitum* Hemsl.

生境：土山和石山的林下。
性状：攀缘灌木。
分布：合浦。
饲用价值：低。山羊微食嫩叶。

两面针（光叶花椒、胡椒簕、入地金牛、入山虎）*Zanthoxylum nitidum*（Roxb.）DC.

生境：村边、园边、林下、灌木丛。

性状：藤状有刺灌木。

分布：合浦、柳城、柳江区、鹿寨。

饲用价值：中。牛、山羊采食幼嫩茎叶。老植株有害。

苦木科 Simaroubaceae

鸦胆子（老鸦胆、苦桑子、苦参子）*Brucea javanica*（L.）Merr.

生境：山坡、路边。

性状：灌木或小乔木。

分布：合浦、凤山。

饲用价值：中。山羊采食嫩叶。

楝 科 Meliaceae

浆果楝（灰毛浆果楝、假茶辣、鱼胆木）*Cipadessa baccifera*（Roth.）Miq.［*Cipadessa cinerascens*（Pell.）Hand.-Mazz.］

生境：沟边、疏林、灌木丛。

性状：常绿灌木。

分布：都安、东兰、巴马。

饲用价值：良。牛、山羊喜食幼嫩茎叶。

苦楝（楝树）*Melia azedarach* L.

生境：栽培树种。

性状：乔木。

分布：柳城、柳江区、鹿寨、融水、融安、三江、金城江区、罗城、宜州区、环江、东兰、巴马、凤山、南丹、天峨、都安、大化、兴安、全州、龙胜、灵川、恭城、荔浦、平乐、灌阳、永福、田东、田阳区、平果、凌云、田林、西林、隆林、乐业、德保、南宁、马山、合浦、上思、浦北、灵山、兴宾区、武宣、象州、忻城、合山、桂平、平南、港北区、富川、八步区、容县、博白、北流、天等、宁明等。

饲用价值：中。山羊喜食嫩叶。全株有小毒。

香椿（椿芽树、椿树）*Toona sinensis*（A. Juss.）Roem.

生境：阳光充足的山坡疏林，或栽培于石山、村边、园边。

性状：落叶乔木。

分布：马山、武宣、三江、都安、巴马、东兰、凤山、大化、罗城、宜州区、金城江区、南丹、天峨、天等、大新、凌云、乐业。

饲用价值：良。牛、羊采食幼嫩茎叶。

无患子科 Sapindaceae

倒地铃（金丝苦楝藤、包袱草）*Cardiospermum halicacabum* L.

生境：路边、坡地、沟边、园边、草地。

性状：藤本。

分布：合浦、天峨。

饲用价值：中。牛、羊采食幼嫩茎叶。

无患子（洗手果、木患子）*Sapindus mukorossi* Gaertn.

生境：栽培树种。

性状：落叶乔木。

分布：防城区。

饲用价值：低。羊采食嫩叶。全株有小毒，不宜多饲喂。

漆树科 Anacardiaceae

黄连木（石山漆、楷树）*Pistacia chinensis* Bunge

生境：山坡、林中。

性状：落叶乔木。

分布：合浦、浦北。

饲用价值：低。山羊采食嫩叶。

细叶楷木 ***Pistacia weinmannifolia*** J Poiss. ex Franch.

生境：石山灌木丛。

性状：灌木。

分布：都安。

饲用价值：良。牛、羊采食幼嫩茎叶。

盐肤木（五倍子树、盐澳树）***Rhus chinensis*** Mill.

生境：疏林、灌木丛。

性状：灌木或小乔木。

分布：柳城、柳江区、鹿寨、融水、融安、三江、金城江区、罗城、宜州区、环江、东兰、巴马、凤山、南丹、天峨、都安、大化、兴安、全州、资源、龙胜、灵川、恭城、荔浦、平乐、灌阳、永福、田东、田阳区、平果、凌云、田林、西林、隆林、乐业、德保、南宁、马山、合浦、上思、浦北、灵山、兴宾区、武宣、象州、忻城、金秀、合山、桂平、平南、港北区、富川、八步区、容县、博白、北流、天等、宁明等。

饲用价值：对猪、羊为中，对牛较低。猪、牛、羊食用幼嫩茎叶。

滨盐肤木（盐霜白）***Rhus chinensis*** var. ***roxburghii***（DC.）Rehd.

生境：山坡、灌木丛。

性状：灌木或小乔木。

分布：那坡。

饲用价值：中。牛、羊采食幼嫩茎叶。

野漆（野漆树）***Toxicodendron succedaneum***（L.）O. Kuntze （***Rhus succedanea*** L.）

生境：山坡、林下、沟边。

性状：落叶灌木或小乔木。

分布：武宣、三江、东兰、合浦。

饲用价值：劣。山羊微食嫩叶。

山漆树（木蜡树、野毛漆）***Toxicodendron sylvestre***（Sieb. et Zucc.）O. Kuntze （***Rhus sylvestris*** S. et Z.）

生境：阳坡、疏林。

性状：落叶乔木。

分布：象州、防城区。

饲用价值：劣。山羊微食嫩叶。

漆（大木漆、山漆）*Toxicodendron vernicifluum*（Stokes）F. A. Barkl.（***Rhus verniciflua*** Stokes.）

生境：向阳避风山坡。

性状：落叶乔木。

分布：柳城、柳江区、鹿寨、融水、融安、三江、金城江区、罗城、宜州区、环江、东兰、巴马、凤山、南丹、天峨、都安、大化、兴安、全州、资源、龙胜、灵川、恭城、荔浦、平乐、灌阳、永福、田东、田阳区、平果、凌云、田林、西林、隆林、乐业、德保、南宁、马山、合浦、上思、浦北、灵山、兴宾区、武宣、象州、忻城、金秀、合山、桂平、平南、港北区、富川、八步区、容县、博白、北流、天等、宁明等。

饲用价值：劣。山羊微食嫩叶。全株有小毒。

胡桃科 Juglandaceae

黄杞 *Engelhardia roxburghiana* Wall.（***Engelhardtia chrysolepis*** Hance）

生境：山坡、林中。

性状：乔木。

分布：融水、融安、三江、罗城、巴马、凤山、南丹、天峨、灵川、兴安、荔浦、田东、田阳区、平果、田林、隆林、乐业、合浦、上思、浦北、灵山、兴宾区、武宣、象州、忻城、桂平、平南、富川、八步区等。

饲用价值：劣。叶有毒，可毒鱼。

五加科 Araliaceae

广东楤木（鹰不朴、鸟不宿、雷公木、钻地风）*Aralia armata*（Wall.）Seem.

生境：山坡、林下。

性状：灌木。

分布：象州、武宣、融水、防城区、灵山。

饲用价值：良。牛、山羊采食幼嫩茎叶。老植株有害。

食用土当归（心叶楤木、独活）*Aralia cordata* Thunb.

生境：山坡、林下、草丛。

性状：多年生草本。

分布：兴安。

饲用价值：良。牛、羊采食嫩叶。

黄毛楤木 *Aralia decaisneana* Hance

生境：阳坡、疏林。

性状：灌木。高 1 ～ 5 m。

分布：百色。

饲用价值：良。花期 10 月至翌年 1 月。牛、羊采食嫩叶。

细柱五加（五加、五加皮）*Eleutherococcus nodiflorus*（Dunn）S. Y. Hu（*Acanthopanax gracilistylus* W. W. Sm.）

生境：林边、路边、灌木丛。

性状：灌木。

分布：兴安。

饲用价值：中。牛、羊采食幼嫩茎叶。老植株有害。

白簕（三加皮、三爪风、三叶五加、五加皮、鹅掌楸）*Eleutherococcus trifoliatus*（Linn.）S. Y. Hu [*Acanthopanax trifoliatus*（L.）Merr.]

生境：林边、灌木丛、山坡。

性状：攀缘灌木。

分布：合浦、防城区。

饲用价值：中。牛、羊采食嫩叶。老植株有害。

刺楸（百鸟不落）*Kalopanax septemlobus*（Thunb.）Koidz.

生境：山地、疏林。

性状：落叶乔木。

分布：梧州。

饲用价值：良。嫩叶可作猪、牛、羊饲料。老植株有害。

大叶三七（竹节参、竹节三七）*Panax pseudoginseng* Wall. var. *japonicus*（C. A. Mey）Hoo et Tseng

生境：潮湿处。喜温暖而阴湿的环境，怕严寒和酷暑，也怕多水。

性状：多年生直立草本。高可达 60 cm。

分布：融水、上思。

饲用价值：中。花期 7 ～ 8 月。嫩苗可作猪、牛饲料。

七叶莲（七加皮、鹅掌藤、汉桃叶）*Schefflera arboricola* Hayata

生境：石山或深山沟谷边的灌木丛。

性状：常绿藤状灌木。

分布：巴马、防城区、武宣。

饲用价值：中。牛、羊采食幼嫩茎叶。

穗序鹅掌柴 *Schefflera delavayi*（Franch.）Harms ex Diels.

生境：山谷或溪边的林中、阴湿的林边、疏林。

性状：乔木或灌木。高 3 ～ 8 m。

分布：环江。

饲用价值：中。花期 10 ～ 11 月。牛、羊采食幼嫩茎叶。

小星鸭脚木（星毛鸭脚木）*Schefflera minutistellata* Merr. ex Li

生境：山坡、林中。

性状：小乔木或灌木。高 2 ～ 6 m。

分布：河池。

饲用价值：中。花期 9 月。牛、羊采食幼嫩茎叶。

鸭脚木（鹅掌柴、公母树、吉祥树）*Schefflera octophylla*（Lour.）Harms

生境：山坡、林下。

性状：乔木或灌木。

分布：防城区、北海、兴宾区、忻城、陆川、融水、东兰、巴马、凤山、罗城、宜州区、金城江区。

饲用价值：中。牛、山羊采食嫩叶。

杜鹃花科 Ericaceae

假吊钟（假木荷、火炭木、厚皮树）*Craibiodendron stellatum*（Pierre）W. W. Smith

生境：低中山或丘陵的密林。

性状：落叶灌木。
分布：东兰。
饲用价值：中。山羊采食幼嫩茎叶。

满山香（白珠木）***Gaultheria yunnanensis*** F. Y. Rehd

生境：山坡、林边、荒山、草地。
性状：常绿灌木。
分布：环江、灵川。
饲用价值：中。牛、羊采食幼嫩茎叶。

杜鹃花（杜鹃、映山红）***Rhododendron simsii*** Planch.

生境：山坡、林下。
性状：半常绿灌木。
分布：灌阳、全州、兴安、平乐、荔浦、灵川、资源、贵港、梧州。
饲用价值：低。山羊采食幼嫩茎叶。

伞形科 Umbelliferae

紫花前胡（前胡、土当归）***Angelica decursiva***（Miq.）F. et S.

［***Angelica decusiva***（Miq.）Franch. et Sav.；***Peucedanum decursivum***（Miq.）Max.］

生境：山坡、林下。
性状：多年生草本。
分布：南宁。
饲用价值：良。幼嫩植株可作猪、牛饲料。

芹菜（旱芹）***Apium graveolens*** L.

生境：栽培蔬菜作物。
性状：一年生或二年生草本。
分布：南宁、武宣。
饲用价值：优。全株可作猪饲料。

柴胡（南柴胡）***Bupleurum falcatum*** L.

生境：干燥山坡。

性状：多年生草本。

分布：梧州。

饲用价值：良。牛、羊采食幼嫩植株。

竹叶柴胡（竹叶防风）*Bupleurum marginatum* Wall. ex DC.

生境：山坡草地、林下。

性状：多年生草本。

分布：金秀。

饲用价值：良。牛、羊采食幼嫩植株。

活血丹（雷公根、积雪草、崩大碗、钻地风、透骨消）*Centella asiatica*（L.）Urban

生境：山坡、荒地、耕地、旷野。

性状：多年生草本。

分布：柳城、柳江区、鹿寨、融水、融安、三江、金城江区、罗城、宜州区、环江、东兰、巴马、凤山、南丹、天峨、都安、大化、兴安、全州、资源、龙胜、灵川、恭城、荔浦、平乐、灌阳、永福、田东、田阳区、平果、凌云、田林、西林、隆林、乐业、德保、南宁、马山、合浦、上思、浦北、灵山、兴宾区、武宣、象州、忻城、金秀、合山、桂平、平南、港北区、富川、八步区、容县、博白、北流、天等、宁明等。

饲用价值：优。全株可作猪、牛饲料。

蛇床子 *Cnidium monnieri*（L.）Cuss.

生境：田野、路边、潮湿处。

性状：一年生草本。

分布：马山。

饲用价值：中。牛、羊采食幼嫩植株。

鸭儿芹（鸭脚板、鸭脚草、鸭脚掌、三叶青）*Cryptotaenia japonica* Hassk.

生境：林下阴湿处。

性状：多年生草本。

分布：龙胜、南丹、东兰。

饲用价值：优。幼嫩茎叶可作猪、牛饲料。

胡萝卜（红萝卜）*Daucus carota* var. *sativa* Hoffm.

生境：栽培蔬菜作物。

性状：二年生草本。

分布：南宁、融水、忻城。

饲用价值：优。全株可作猪、牛多汁饲料。

刺芹（刺芫荽、洋芫荽、香芫荽）*Eryngium foetidum* L.

生境：林边、路边。

性状：多年生草本。

分布：南宁、浦北。

饲用价值：良。全株可作猪饲料。

天胡荽（满天星、盆上芫荽、落得打）*Hydrocotyle sibthorpioides* Lam.

生境：潮湿草地、林下、屋边。

性状：多年生草本。

分布：南宁、防城区、上思、合浦、灵山、巴马、东兰、凤山。

饲用价值：优。全株可作猪饲料。

水芹（水芹菜）*Oenanthe javanica*（Bl.）DC.
[*Oenanthe decumbens*（Thb.）K.-Pol.]

生境：低湿地、水沟。

性状：多年生草本。

分布：融水、忻城。

饲用价值：优。全株可作猪饲料。

线叶水芹（野芹、中华水芹）*Oenanthe linearis* Wall. ex DC.
（*Oenanthe sinensis* Dunn）

生境：水边、湿地。

性状：多年生草本。

分布：南宁。

饲用价值：优。全株可作猪饲料。

隔山香（人参归、香白芷、金鸡爪、鸡爪参、香前胡、鸡爪前胡）*Ostericum citriodorum*（Hance）Yuan et shan
（*Angelica citriodora* Hance）

生境：山坡草地、林下。

性状：多年生宿根草本。

分布：兴安、全州。

饲用价值：良。牛、羊采食嫩叶。

异叶茴芹（鹅脚板、八月白、苦爹菜、六月寒、茴芹、冬青草、羊膳七、白花菜根、白花雷公根）*Pimpinella diversifolia* DC.

生境：山坡、林下草丛。

性状：多年生草本。

分布：融水。

饲用价值：中。幼嫩茎叶可作猪、牛、羊饲料。

窃衣 *Torilis scabra*（Thunb.）DC.

生境：山坡、路边、荒地。

性状：一年生或二年生草本。

分布：北海。

饲用价值：中。幼嫩茎叶可作猪、牛、羊饲料。

越桔科　Vacciniaceae

乌饭树（南烛子）*Vaccinium bracteatum* Thunb.

生境：山坡阔叶林边、杉林边、竹林边。

性状：常绿灌木。

分布：灌阳、全州。

饲用价值：低。山羊采食幼嫩茎叶。

水晶兰科　Monotropaceae

水晶兰 *Monotropa uniflora* L.

生境：山坡、林下阴湿处。

性状：多年生草本。

分布：龙胜。

饲用价值：中。牛、羊采食幼嫩茎叶。

柿 科 Ebenaceae

小叶山柿（崖柿、岩柿）*Diospyros dumetorum* W. W. Smith

生境：石山。

性状：灌木或乔木。

分布：都安。

饲用价值：中。山羊采食嫩叶。

柿（柿树）*Diospyros kaki* Thunb.

生境：山坡。

性状：落叶乔木。果形有球形、扁球形等。

分布：恭城、平乐、阳朔。

饲用价值：中。花期 5 ～ 6 月，果期 9 ～ 10 月。山羊采食嫩叶。

山榄科（赤铁科） Sapotaceae

紫荆木 *Madhuca pasquieri*（Dubard）H. J. Lam.

生境：海拔 1000 m 以下的林边、路边和疏林。

性状：常绿乔木。

分布：梧州。

饲用价值：低。山羊采食嫩叶。

紫金牛科 Myrsinaceae

蜡烛果（桐花树）*Aegiceras corniculatum*（Linn.）Blanco.

生境：海滩沙地。

性状：灌木或小乔木。高 1.5 ～ 4 m。

分布：防城区。

饲用价值：良。牛采食嫩叶。

小罗伞（朱砂根、圆齿紫金牛、硃砂根）*Ardisia crenata* Sims

生境：山坡、林下、村边灌木丛。

性状：常绿小灌木。

分布：融水、忻城。

饲用价值：低。山羊微食幼嫩茎叶。

走马胎（大叶紫金牛）*Ardisia gigantifolia* Stapf

生境：山沟、水边、林中阴湿处。

性状：常绿或落叶小灌木。

分布：防城区。

饲用价值：低。山羊采食幼嫩茎叶。

紫金牛（不出林、矮地茶）*Ardisia japonica*（Thunb.）Blume

生境：山坡、林下、河边、村边、林中阴湿处。

性状：常绿矮小灌木。

分布：防城区。

饲用价值：中。山羊采食幼嫩茎叶。

红毛毡（虎舌红、老虎脷）*Ardisia mamillata* Hance

生境：山谷、林下阴湿处。

性状：常绿矮小半灌木。匍匐木质根状茎。

分布：融水、环江。

饲用价值：低。花期 6 ～ 7 月。山羊采食幼嫩茎叶。

细罗伞（波叶紫金牛、小狮子头）*Ardisia sinoaustralis* C. Chen（*Ardisia affinis* Hemsl.）

生境：山坡、林下。

性状：小灌木。

分布：北海。

饲用价值：中。牛、羊采食幼嫩茎叶。

酸藤子（酸藤果、鸡母酸、入地龙）*Embelia laeta*（L.）Mez

生境：山坡荒地、村边灌木丛。

性状：常绿藤状灌木。

分布：浦北、武宣、都安。

饲用价值：优。牛、山羊喜食幼嫩茎叶。

白花酸藤果 *Embelia ribes* Burm. f.

生境：旷野、山坡。

性状：藤状灌木。

分布：东兰。

饲用价值：良。牛、羊采食幼嫩茎叶。

杜茎山（野胡椒）*Maesa japonica*（Thunb.）Moritzi. ex Zoll. [*Baeobotrys japonica*（Thunb.）Zipp. ex Scheff.]

生境：山坡荒地。

性状：灌木。

分布：都安。

饲用价值：中。牛、羊采食幼嫩茎叶。

空心花（鲫鱼胆）*Maesa perlarius*（Lour.）Merr.

生境：旷野。

性状：直立灌木。

分布：东兰。

饲用价值：中。牛、羊采食幼嫩茎叶。

密花树（鹅肾梢）*Myrsine seguinii* H. Léveillé [*Rapanea neriifolia*（Sieb. et Zucc.）Mez]

生境：山坡、村边、石山、灌木丛。

性状：常绿灌木。

分布：都安、浦北。

饲用价值：中。牛、山羊采食嫩叶。

刺叶铁仔（针刺铁仔）*Myrsine semiserrata* Wall.

生境：山谷、灌木丛。

性状：灌木。

分布：都安。

饲用价值：中。牛、山羊采食嫩叶。

山矾科（灰木科） Symplocaceae

白檀（土常山、华山矾、地黄木、狗屎木、猪糠木）*Symplocos paniculata* (Thunb.) Miq.

[***Symplocos chinensis*** (Lour.) Druce]

生境：阳光充足的山坡、路边。

性状：落叶灌木。

分布：兴宾区、上思、兴安、南宁。

饲用价值：中。牛、山羊采食幼嫩茎叶。

山矾（美山矾）*Symplocos sumuntia* Buch. -Ham. ex D. Don

(***Symplocos decora*** Hance)

生境：山坡、林中。

性状：灌木。

分布：浦北。

饲用价值：中。山羊采食嫩叶。

马钱科 Loganiaceae

驳骨醉鱼草（驳骨丹）*Buddleja asiatica* Lour.

生境：石山灌木丛。

性状：灌木。

分布：都安。

饲用价值：劣。全株有毒。

醉鱼草（毒鱼草、苦叶菜）*Buddleja lindleyana* Fortune

生境：山坡、林边、山谷、溪边灌木丛。

性状：落叶灌木。

分布：兴宾。

饲用价值：劣。全株有毒。

密蒙花 ***Buddleja officinalis*** Maxim.

生境：旷野，或为栽培植物。
性状：披散灌木。
分布：东兰、巴马、凤山。
饲用价值：低。牛、羊采食嫩叶。

断肠草（胡夏药、大茶药）***Gelsemium elegans***（Gardn. et Champ.）Benth.

生境：山坡、沟边、山谷灌木丛。
性状：常绿缠绕藤本。
分布：东兰、环江、凤山、融安。
饲用价值：劣。全株有剧毒。

木犀科 Oleaceae

苦枥木（白蜡树、水蜡树）***Fraxinus retusa*** Champ. ex Benth.

生境：山坡、林中。
性状：乔木。
分布：全州、兴安、灌阳。
饲用价值：中。山羊采食嫩叶。

扭肚藤（白花茶、波形素藤）***Jasminum elongatum***（Bergius）Willdenow（***Jasminum amplexicaule*** Buch.-Ham.）

生境：山坡、河边、路边灌木丛。
性状：常绿藤状灌木。
分布：合浦。
饲用价值：中。山羊采食嫩叶。

清香藤（光清香藤）***Jasminum lanceolaria*** Roxburgh（***Jasminum lanceolarium*** Roxb.）

生境：山坡灌木丛。
性状：大藤本。
分布：都安。
饲用价值：中。山羊采食嫩叶。

青藤仔（鸡骨香）*Jasminum nervosum* Lour.

生境：山坡、旷野，或为栽培植物。
性状：藤本。
分布：东兰。
饲用价值：中。山羊采食嫩叶。

桂花 *Osmanthus fragrans*（Thunb.）Lour.

生境：山坡、林间、行道边。
性状：乔木。
分布：桂林。
饲用价值：中。山羊采食嫩叶。

牛矢果 *Osmanthus matsumuranus* Hayata

生境：山坡草地。
性状：灌木或小乔木。
分布：合浦。
饲用价值：中。山羊采食嫩叶。

萝摩科 Asclepiadaceae

马利筋（莲生桂子花）*Asclepias curassavica* L.

生境：村边、山坡阴湿处，或为栽培植物。
性状：多年生半灌木状草本。
分布：都安。
饲用价值：中。山羊采食幼嫩茎叶。

徐长卿（了刁竹）*Cynanchum paniculatum*（Bunge）Kitagawa ［*Pycnostelma paniculatum*（Bunge）K. Schum.］

生境：山坡、空旷地。
性状：多年生草本。
分布：南宁、兴宾区、东兰、环江、宜州区。
饲用价值：劣。山羊微食幼嫩植株。

马莲鞍（古羊藤、暗消藤、南苦参、地苦参、苦羊藤、藤苦参）***Streptocaulon juventas***（Lour.）Merr.

（***Streptocaulon griffithii*** Hook. f.）

生境：山坡、林下、路边、地边、庭园边。

性状：缠绕藤本。

分布：南宁、马山、横州、宁明、防城区、上思、兴宾区、那坡、凌云、都安。

饲用价值：良。牛、羊喜食茎叶。

娃儿藤（通脉丹、卵叶娃儿藤、三十六荡、老虎须、双飞蝴蝶、落地金、三十六根）***Tylophora ovata***（Lindl.）Hook. ex Steud.

（***Tylophora mollissima*** Wight）

生境：山坡灌木丛、路边、林地。

性状：攀缘半灌木。茎柔细，嫩茎被微毛。

分布：防城港、兴宾区、浦北。

饲用价值：劣。全株有小毒。

夹竹桃科 Apocynaceae

白花夹竹桃 ***Nerium indicum*** Mill. cv. ‘Paihua’

生境：栽培绿化造林树种。

性状：常绿小乔木。

分布：南宁、田东、田阳区、平果。

饲用价值：劣。全株有大毒。

夹竹桃（红花夹竹桃）***Nerium oleander*** L.

（***Nerium indicum*** Mill.）

生境：栽培绿化造林树种。

性状：常绿小乔木。

分布：南宁、都安。

饲用价值：劣。全株有大毒。采食夹竹桃会产生反胃及呕吐、过度流涎、瞳孔显著放大、腹绞痛、拉肚子、心跳急速、后心跳比正常慢等症状，严重者面色苍白、发冷，还会嗜睡、肌肉颤动、癫痫及昏迷以致死亡。夹竹桃树液会引起皮肤敏感、严重的眼睛发炎及带有皮肤炎的过敏反应。如果中毒可采取抠喉及洗胃等方法减少吸入毒素（木炭可以帮助吸收其余的毒素），并及时进行治疗。

毛杜仲藤 ***Parabarium huaitingii*** Chun et Tsiang

生境：山谷、疏林下、林边、溪边灌木丛。

性状：攀缘木质藤本。长超过 10 m。

分布：防城区。

饲用价值：劣。花期 4 ～ 6 月。全株有小毒。

羊角拗（羊角扭、羊角藤）***Strophanthus divaricatus***（Lour.）Hook. et Arn.

生境：田野、低丘陵灌木丛。

性状：常绿藤状灌木。

分布：合浦、荔浦。

饲用价值：劣。叶、种子有剧毒。

络石 ***Trachelospermum jasminoides***（Lindl.）Lem.

生境：向阳山坡、林边、村边。常攀缘于树木、岩石墙垣上。

性状：常绿木质藤本。长达 10 m。具乳汁。茎赤褐色，幼枝被黄色长柔毛。有气生根。

分布：环江、东兰、马山。

饲用价值：劣。花期 3 ～ 7 月，果期 7 ～ 12 月。全株有毒，误食后症状与海杧果中毒症状相似。

杜仲藤（白杜仲藤、白喉崩）***Urceola micrantha***（Wall. ex G. Don）D. J. Midd.

［***Parabarium micranthum***（A. DC.）Pierre.］

生境：疏林、沟谷灌木丛。

性状：木质藤本。

分布：防城区。

饲用价值：劣。全株有小毒。

倒吊笔 ***Wrightia pubescens*** R. Br.

生境：山坡向阳处、石山、疏林。

性状：乔木。

分布：合浦。

饲用价值：劣。牛、羊微食幼嫩植株。

茜草科 Rubiaceae

猪殃殃（拉拉藤、小红丝线、锯子草）***Galium aparine*** L.

生境：河边、园圃、耕地、潮湿处。

性状：一年生蔓状或攀缘草本。

分布：融水。

饲用价值：中。牛、羊采食幼嫩茎叶。

栀子（山枝、枝子、黄枝）***Gardenia jasminoides*** Ellis.

生境：山坡较干旱处，或为栽培植物。

性状：常绿灌木。

分布：南宁、防城港、合浦、乐业、凤山。

饲用价值：良。牛、羊采食幼嫩茎叶。

耳草（节节花、散血草）***Hedyotis auricularia*** L.
[***Oldenlandia auricularia***（L.）F-Muell.]

生境：山坡、林下、路边、村边。

性状：一年生草本。

分布：上思、灵山、合浦、全州、兴宾区、天峨、都安。

饲用价值：中。牛、山羊采食幼嫩茎叶。

金毛耳草（黄毛耳草、铺地耳草）***Hedyotis chrysotricha***（Palib.）Merr.
[***Oldenlandia chrysotricha***（Palib.）Chun]

生境：山坡、林下。

性状：一年生草本。

分布：灌阳。

饲用价值：中。牛、羊采食幼嫩茎叶。

伞房花耳草（蛇舌草）***Hedyotis corymbosa***（Linn.）Lam.
（***Oldenlandia corymbosa*** L.）

生境：田边、沟边、路边、湿润处。

性状：一年生蔓生草本。

分布：灵山、合浦。

饲用价值：低。牛、羊采食幼嫩茎叶。

中肋耳草 ***Hedyotis costata*** Roxb.
［***Oldenlandia costata***（Roxb.）K. Schum.］

生境：山坡、林下。

性状：一年生草本。

分布：北海。

饲用价值：低。牛、羊采食幼嫩茎叶。

白花蛇舌草（小竹叶菜、蛇利草）***Hedyotis diffusa*** Willd.
［***Oldenlandia diffusa***（Willd.）Roxb.］

生境：田边、沟边、路边湿润处。

性状：一年生披散草本。

分布：东兰、环江、巴马、防城区、灵山、合浦。

饲用价值：中。山羊采食幼嫩茎叶。

牛白藤（班痧藤、甜茶、凉茶藤）***Hedyotis hedyotidea***（DC.）Merr.
［***Oldentandia hedyotidea***（DC.）H.-M.］

生境：田野、山坡、灌木丛。

性状：常绿灌木状藤本。

分布：合浦、武宣。

饲用价值：中。牛、羊采食幼嫩茎叶。

方茎耳草 ***Hedyotis tetrangularis***（Korthals）Walpers
［***Oldenlandia tetrangularia***（Korth.）Merr.］

生境：山坡、低湿地、路边。

性状：直立细弱草本。

分布：合浦。

饲用价值：中。牛、羊采食幼嫩茎叶。

假野丁香 ***Leptodermis affinis*** How.

生境：山坡草地。

性状：小灌木。

分布：都安。

饲用价值：中。牛、羊采食幼嫩茎叶。

鸡眼藤（百眼藤、小叶羊角藤、猪禄藤）***Morinda parvifolia*** Bartl. et DC.

生境：山坡灌木丛、村边、园边。

性状：常绿藤状灌木。

分布：合浦。

饲用价值：中。牛、羊采食幼嫩茎叶。

散玉叶金花（展枝玉叶金花）***Mussaenda divaricata*** Hutch.

生境：灌木丛。

性状：攀缘小灌木。

分布：东兰。

饲用价值：中。牛、羊采食幼嫩茎叶。

玉叶金花（野白纸扇、鸡良藤、鸡凉茶）***Mussaenda pubescens*** Ait. f.

生境：山坡、沟边、灌木丛、草丛。

性状：常绿藤状小灌木。

分布：合浦、北海。

饲用价值：中。牛、羊采食幼嫩茎叶。

团花树（团花、黄梁木）***Neolamarckia cadamba***（Roxb.）Bosser

生境：山谷溪边、杂木林下。

性状：落叶乔木。

分布：南宁。

饲用价值：良。

鸡矢藤（牛皮冻、狗屁藤、臭藤）***Paederia foetida*** L.
[***Paederia scandens***（Lour.）Merr.]

生境：林边、田野、灌木丛。

性状：多年生草质藤本。

分布：南宁、防城区、浦北、合浦、东兰、巴马。

饲用价值：中。牛、羊采食幼嫩茎叶。

驳骨九节（驳骨草、百祥化）***Psychotria prainii*** Lévl.
[***Psychotria siamica***（Craib）Hutch.]

生境：石山岩石边、杂木林。

性状：常绿灌木。

分布：象州。

饲用价值：低。山羊采食幼嫩茎叶。

九节（刀枪木、山大颜）*Psychotria rubra*（Lour.）Poir.

生境：丘陵灌木丛、山谷水沟边、杂木林。

性状：直立常绿灌木。

分布：防城区、北海、合浦、浦北。

饲用价值：中。牛、羊采食幼嫩茎叶。

茜草（红丝线、红茜、茜根）*Rubia cordifolia* L.

生境：山坡、路边、沟边、草丛。

性状：多年生攀缘草本。

分布：都安、龙胜、融安、融水、忻城。

饲用价值：中。幼嫩茎叶可作猪、牛、羊饲料。

六月雪 *Serissa japonica*（Thunb.）Thunb. Nov. Gen. [*Serissa foetida*（L. f.）Poir. ex Lam.]

生境：山坡、林下。

性状：常绿小灌木。

分布：马山。

饲用价值：中。牛、羊采食幼嫩苗叶。

白马骨 *Serissa serissoides*（DC.）Druce（*Democritea serissoides* DC.）

生境：山坡、路边、灌木丛，或为栽培植物。

性状：常绿小灌木。

分布：灵川。

饲用价值：中。牛、羊采食幼嫩茎叶。

双钩藤（毛钩藤）*Uncaria hirsuta* Havil.

生境：山坡灌木丛、林下。

性状：藤本。

分布：防城区。

饲用价值：中。山羊采食嫩叶。

钩藤（桂钩藤、孩儿茶）*Uncaria rhynchophylla*（Miq.）Miq. ex Havil.

生境：山坡、林下、溪边灌木丛。
性状：攀缘灌木。
分布：南宁、象州。
饲用价值：中。牛、羊采食幼嫩茎叶。

水锦树（饭汤水）*Wendlandia uvariifolia* Hance

生境：疏林、灌木丛、山谷水边。
性状：灌木或乔木。
分布：都安、东兰。
饲用价值：中。山羊采食嫩叶。

黄杨科 Buxaceae

大叶黄杨 *Buxus megistophylla* Lévl.

生境：山地、山谷、河边、山坡、林下。
性状：灌木或小乔木。
分布：柳城、柳江区。
饲用价值：中。

忍冬科 Caprifoliaceae

金银花（忍冬）*Lonicera japonica* Thunb.

生境：山坡、林下。
性状：多年生草质藤本。
分布：防城区、灵山、南宁、马山、凤山、荔浦、灌阳、全州、武宣、忻城、三江。
饲用价值：良。牛、羊采食幼嫩茎叶。

接骨草（蒴藋、马鞭梢）*Sambucus javanica* Reinw. ex Blume

生境：荒坡、旷野灌木丛、村边湿润处。
性状：半灌木状草本。

分布：南宁。

饲用价值：良。幼嫩茎叶可作牛、羊饲料。

四季青（山红木、水红木）***Viburnum cylindricum*** Buch.-Ham. ex D. Don

生境：山坡灌木丛。

性状：常绿小灌木或小乔木。

分布：南宁。

饲用价值：良。幼嫩茎叶可作猪、牛饲料。

荚蒾 ***Viburnum dilatatum*** Thunb.

生境：向阳山坡的草地和灌木丛。

性状：落叶灌木。

分布：平乐。

饲用价值：低。牛、羊采食嫩叶。

火柴子树（酸闷木、南方荚蒾）***Viburnum fordiae*** Hance

生境：疏林、灌木丛、路边。

性状：灌木。

分布：都安。

饲用价值：中。山羊采食幼嫩茎叶。

三脉叶荚蒾 ***Viburnum triplinerve*** Hand.-Mazz.

生境：灌木丛。

性状：灌木。

分布：都安。

饲用价值：中。牛、羊采食幼嫩茎叶。

败酱科 Valerianaceae

败酱（黄花败酱、山白菜）***Patrinia scabiosifolia*** Link（***Patrinia scabiosaefolia*** Fisch. ex Trev.）

生境：山坡、灌木丛、草丛。

性状：多年生草本。

分布：南宁、东兰、武宣、兴宾区、融水。
饲用价值：良。幼嫩茎叶可作猪、牛、羊饲料。

白花败酱（胭脂麻）*Patrinia villosa*（Thunb.）Juss.

生境：山坡、灌木丛、草丛。
性状：多年生草本。
分布：南宁、兴宾区。
饲用价值：良。幼嫩植株可作猪、牛饲料。

川续断科　Dipsacaceae

续断 *Dipsacus japonicus* Miq.

生境：山坡、路边、草地、沟边等低湿地。
性状：多年生草本。
分布：全州、灌阳。
饲用价值：中。牛、羊采食幼嫩茎叶。

龙胆科　Gentianaceae

龙胆草（龙胆、胆草、观音草）*Gentiana scabra* Bunge.

生境：山坡、林下、灌木丛。
性状：多年生草本。
分布：梧州。
饲用价值：良。牛、山羊采食幼嫩茎叶。

美丽獐牙菜 *Swertia angustifolia* var. *pulchella*（D. Don）Burk.（*Ophelia pulchella* D. Don）

生境：旷野。
性状：一年生直立草本。
分布：东兰。
饲用价值：良。幼嫩植株可作猪、牛饲料。

报春花科 Primulaceae

狼尾花 *Lysimachia barystachys* Bunge

生境：路边、田埂、潮湿处、山坡。

性状：多年生草本。

分布：北海。

饲用价值：低。牛、羊采食茎叶。

大田基黄（假辣蓼、星宿菜、星宿草、泥鳅草）*Lysimachia fortunei* Maxim.

生境：山坡、溪边、低草丛潮湿处、路边、耕地。

性状：多年生草本。

分布：灌阳、兴安、兴宾区、东兰、金城江区、天峨。

饲用价值：优。花期 6 ～ 8 月。叶和幼嫩植株可作猪、牛饲料。

蓝雪科（白花丹科） Plumbaginaceae

白雪花（白花丹、节节红、铁茉莉）*Plumbago zeylanica* L.

生境：山坡、路边、沟边，或为栽培植物。

性状：半灌木状草本。

分布：防城区、兴宾区。

饲用价值：劣。全株有小毒。

车前科 Plantaginaceae

车前草（大车前、钱贯草、车轮菜）*Plantago major* L.（*Plantago depressa* Willd.）

生境：低湿地、路边、园边。

性状：多年生矮小草本。

分布：柳城、柳江区、鹿寨、融水、融安、三江、金城江区、罗城、宜州区、环江、东兰、巴马、凤山、南丹、天峨、都安、大化、兴安、全州、资源、龙胜、灵川、恭城、荔浦、平乐、灌阳、永福、田东、田阳区、平果、凌云、田林、西林、隆林、乐业、德保、南宁、马山、合浦、上思、浦北、灵山、兴宾区、武宣、象州、忻城、金秀、合山、桂平、平南、港北区、富川、八步区、容县、博白、北流、天等、宁明等。

饲用价值：良。地上部分可作猪、牛饲料。

桔梗科 Campanulaceae

轮叶沙参（南沙参）*Adenophora tetraphylla*（Thunb.）Fisch.（*Adenophora verticillata* Fisch.）

生境：阳坡、草丛。

性状：多年生草本。

分布：兴宾区。

饲用价值：中。叶可作猪、牛饲料。

大花金钱豹（金钱豹、野党参果、土党参）*Campanumoea javanica* Bl.

生境：山坡、草地、林下、灌木丛。

性状：多年生草质藤本。

分布：那坡。

饲用价值：良。花期 8 ～ 9 月。牛、山羊喜食幼嫩茎叶。

桔梗（苦桔梗）*Platycodon grandiflorus*（Jacq.）A. DC.

生境：田野、山坡、草地。

性状：多年生草本。

分布：东兰、全州。

饲用价值：良。幼嫩茎叶可作猪、牛饲料。根含淀粉。

半边莲科 Lobeliaceae

半边莲（紫花莲、急解索）*Lobelia chinensis* Lour.

生境：沟边、田边、湿地。

性状：多年生小草本。

分布：象州、天峨、防城区、合浦。
饲用价值：良。地上部分可作猪饲料。

铜锤玉带草（秤砣草、扣子草、马莲草、宁痛草）*Lobelia nummularia* Lam.
［***Pratia nummularia***（Lam.）A. Br. et Aschers.；***Pratia beonifolia*** Lindl.；***Pratia zeylanica*** Hassk.］

生境：湿润山坡、路边、田边。
性状：一年生草本。
分布：兴安。
饲用价值：中。牛、羊采食幼嫩茎叶。

紫草科 Boraginaceae

斑种草（鬼点灯）*Bothriospermum tenellum*（Hornem.）Fisch. et Mey.

生境：田野、路边。
性状：一年生或多年生草本。
分布：象州。
饲用价值：中。牛、羊采食幼嫩植株。

毛板栗（粗糠树、云南厚壳树）*Ehretia dicksonii* Hance
（***Ehretia macrophylla*** Wall.）

生境：山坡、林中。
性状：乔木。
分布：灵川、兴安、全州、灌阳。
饲用价值：低。山羊采食嫩叶。

长花厚壳树 *Ehretia longiflora* Champ. ex Benth.

生境：山坡、疏林、路边、山谷林中。
性状：乔木。高达 10 m。
分布：都安。
饲用价值：中。山羊采食嫩叶。

天芥菜（大尾摇、大狗尾、象鼻花）*Heliotropium indicum* L.

生境：空旷地。
性状：一年生直立粗壮草本。
分布：合浦。
饲用价值：良。牛、羊采食幼嫩茎叶。

附地菜 *Trigonotis peduncularis*（Trev.）Benth. ex Baker et Moore
［*Eritrichium pedunculare*（Trevis.）A. DC.；*Eritrichium japonicum* Miq.］

生境：草地、林边、耕地。
性状：一年生草本。
分布：南丹。
饲用价值：良。幼嫩植株可作猪饲料。

茄　科　Solanaceae

颠茄 *Atropa belladonna* L.

生境：栽培药用植物。
性状：多年生草本。
分布：兴宾区、环江、柳江区、柳城、鹿寨、兴安。
饲用价值：劣。全株有毒。

白花曼陀罗（闹羊花、洋金花）*Datura metel* L.

生境：栽培植物，或野生于山坡、草地、宅边。
性状：一年生草本。
分布：武宣、防城区。
饲用价值：劣。花果期 3 ～ 12 月。花、果、叶有大毒。

曼陀罗 *Datura stramonium* L.

生境：山坡草地、宅边，或为栽培植物。
性状：一年生草本。
分布：合浦。
饲用价值：劣。花、果、叶有大毒。

钮扣子（十萼茄、红丝线、双花红丝线）*Lycianthes biflora*（Lour.）Bitt.

生境：田野、村边、林下阴湿处。

性状：一年生或二年生被毛草本。

分布：南宁。

饲用价值：低。牛、羊采食嫩叶。

枸杞（枸杞菜、地骨皮）*Lycium chinense* Mill.

生境：栽培蔬菜作物，或野生于园边、路边。

性状：小灌木。

分布：南宁、天峨、象州。

饲用价值：良。幼嫩茎叶可作猪、牛饲料。

番茄（西红柿、毛秀才）*Lycopersicon esculentum* Mill.

生境：栽培蔬菜作物。

性状：一年生草质灌木。

分布：武宣、南宁。

饲用价值：中。牛、羊采食嫩叶。

苦蘵（苦职）*Physalis angulata* L.

生境：山坡、林下、荒地、耕地。

性状：一年生草本。

分布：钦州。

饲用价值：中。牛、羊采食幼嫩茎叶。

酸浆（打拍草）*Physalis francheei* Mast var. *bunyardii* Mak.

生境：路边、荒地，或为栽培植物。

性状：多年生草本。

分布：巴马。

饲用价值：良。牛、羊采食幼嫩茎叶。

打额草（灯笼泡、小酸浆）*Physalis minima* L.

生境：山坡、路边、田野、村边、荒地、耕地。

性状：一年生直立分枝草本。

分布：防城区、金城江区。

饲用价值：优。牛、羊采食幼嫩茎叶。

灯笼菜（灯笼果）***Physalis peruviana*** L.

生境：园圃、村边。
性状：多年生直立草本。
分布：巴马。
饲用价值：良。牛、羊采食幼嫩植株。

少花龙葵（左钮菜、扣子草）***Solanum americanum*** Miller（***Solanum nigrum*** var. ***pauciflorum*** Liou）

生境：荒地、山坡。
性状：多年生直立分枝草本。
分布：融水、武宣、兴宾区。
饲用价值：中。叶可作猪、牛饲料。

牛茄子（刺茄、丁茄、红丁茄）***Solanum capsicoides*** Allioni（***Solanum surattense*** Burm. f.；***Solanum aculcatissimum*** Jacp.）

生境：村边、路边、园边等阴湿处。
性状：直立小灌木。
分布：合浦、北海。
饲用价值：劣。全株有小毒。

假烟叶树（假烟叶、野烟叶、土烟叶）***Solanum erianthum*** D. Don（***Solanum verbascifolium*** L.）

生境：山坡、荒地、林下。
性状：灌木。
分布：南宁、天峨。
饲用价值：中。嫩叶可作猪、山羊饲料。

茄（茄子）***Solanum melongena*** L.

生境：栽培蔬菜作物。
性状：一年生或二年生半灌木。
分布：武宣。
饲用价值：中。牛、羊采食幼嫩茎叶。

龙葵（假辣椒）***Solanum nigrum*** L.

生境：村边、路边、园边、荒地。
性状：多年生直立草本。
分布：北海、天峨。
饲用价值：劣。全株有小毒。

水茄（金钮叶）***Solanum torvum*** Sw.

生境：荒地、山坡、路边。
性状：直立分枝草本。
分布：合浦。
饲用价值：低。嫩叶可作猪、牛饲料。

马铃薯 ***Solanum tuberosum*** L.

生境：栽培作物。
性状：一年生草本。
分布：大化、合浦。
饲用价值：良。全株可作猪、牛饲料。块茎富含淀粉。

野茄（黄刺茄、黄颠茄）***Solanum undatum*** Lamarck（***Solanum coagulans*** Forsk.；***Solanum cumingii*** Dumal）

生境：山坡草地。
性状：多年生草本。
分布：合浦。
饲用价值：低。山羊采食嫩叶。

刺天茄（紫花茄、黄水荞、五宅茄）***Solanum violaceum*** Ortega（***Solanum indicum*** L.）

生境：田野、荒地。
性状：有刺半灌木。
分布：象州。
饲用价值：劣。全株有毒。

黄果茄（黄颠茄）***Solanum virginianum*** Linn.（***Solanum xanthocarpum*** Schrad. et Wendl.）

生境：低山或丘陵的河边沙土上。

性状：多年生草本。

分布：合浦。

饲用价值：低。山羊采食幼嫩茎叶。

旋花科 Convolvulaceae

白鹤庭（一匹绸、白背绸缎、银背藤）*Argyreia acuta* Lour.

生境：山坡草地、灌木丛。

性状：缠绕藤本。

分布：合浦、防城区。

饲用价值：中。牛、山羊采食幼嫩茎叶。

东京银背藤（白花银背藤、旋花藤、白背藤）*Argyreia pierreana* Bois [*Argyreia seguinii*（Levl.）Van. ex Levl.]

生境：山坡、草地、灌木丛。

性状：缠绕藤本。

分布：巴马、东兰。

饲用价值：中。牛、羊采食幼嫩茎叶。

篱天剑（篱打碗花）*Calystegia sepium*（L.）R. Br.

生境：山坡草地。

性状：多年生藤本。

分布：巴马。

饲用价值：中。牛、羊采食幼嫩茎叶。

菟丝子（豆寄生、丝子藤）*Cuscuta chinensis* Lam.

生境：村边、路边灌木丛，或寄生于其他植物上。

性状：一年生寄生缠绕藤本。

分布：上思、鹿寨。

饲用价值：中。牛、羊采食幼嫩植株。由于其为攀缘性的寄生性种子植物，易对林果植物产生危害，轻则影响植物生长，重则致植物死亡。

雾水藤（金灯藤、金丝草、红雾水藤、大粒菟丝子）*Cuscuta japonica* Choisy.

生境：村边、路边灌木丛。

性状：一年生缠绕草本。

分布：防城区。

饲用价值：中。牛、羊采食幼嫩茎叶。

马蹄金（黄疸草、四川小金钱草）*Dichondra micrantha* Urban（*Dichondra repens* Forst.）

生境：草地、田边、路边湿地。

性状：多年生纤细草本。

分布：防城区。

饲用价值：中。牛、羊采食幼嫩茎叶。

空心菜（蕹菜）*Ipomoea aquatica* Forsk.

生境：栽培蔬菜作物。

性状：一年生草本。

分布：南宁、武宣。

饲用价值：优。全株可作猪饲料。

番薯（红薯、甘薯、地瓜）*Ipomoea batatas*（L.）Lam.

生境：栽培农作物。

性状：一年生草质藤本。

分布：柳城、柳江区、鹿寨、融水、融安、三江、金城江区、罗城、宜州区、环江、东兰、巴马、凤山、南丹、天峨、都安、大化、兴安、全州、资源、龙胜、灵川、恭城、荔浦、平乐、灌阳、永福、田东、田阳区、平果、凌云、田林、西林、隆林、乐业、德保、南宁、马山、合浦、上思、浦北、灵山、兴宾区、武宣、象州、忻城、金秀、合山、桂平、平南、港北区、富川、八步区、容县、博白、北流、天等、宁明等。

饲用价值：优。全株可作猪、牛饲料。块茎富含淀粉。

五爪金龙（上竹龙、五齿苓）*Ipomoea cairica*（L.）Sweet

生境：村边、路边、沟边、山坡湿润处。

性状：多年生柔弱缠绕藤本。

分布：南宁。

饲用价值：良。全草可作猪、牛饲料。

牵牛（喇叭花、黑丑、白丑）***Ipomoea hederacea***（L.）Jacq.

生境：路边、村边、向阳处。

性状：草质缠绕藤本。

分布：贵港、上思。

饲用价值：良。叶及嫩茎可作猪、牛饲料。

七爪龙（野牵牛、藤商陆）***Ipomoea mauritiana*** Jacq.（***Ipomoea digitata*** L.）

生境：荒山、园边、路边。

性状：多年生大藤本。

分布：南宁。

饲用价值：良。叶及嫩茎可作猪、牛饲料。肉质根富含淀粉。

二叶红薯（马鞍藤、海薯藤）***Ipomoea pes-caprae***（L.）Sweet

生境：海岸、坝边、沟边等沙土上。

性状：多年生匍匐草本。

分布：合浦。

饲用价值：良。幼嫩茎叶可作猪、牛、羊饲料。

大苞牵牛（帽苞薯藤）***Ipomoea pileata*** Roxb.

生境：路边、村边、园边。

性状：多年生缠绕藤本。

分布：都安。

饲用价值：良。幼嫩茎叶可作牛、羊饲料。

圆叶牵牛（紫花牵牛）***Ipomoea purpurea*** Lam.

生境：园边、路边，或为栽培植物。

性状：一年生缠绕藤本。

分布：天峨。

饲用价值：良。幼嫩茎叶可作牛、羊饲料。

玄参科 Scrophulariaceae

毛麝香（香草、蓝花草）*Adenosma glutinosum*（L.）Druce.

生境：山坡、田边、路边、村边草丛。

性状：一年生草本。

分布：防城区。

饲用价值：中。牛、羊采食幼嫩茎叶。

球花毛麝香（沙虫药）*Adenosma indianum*（Lour.）Merr.

生境：山坡草地。

性状：一年生直立粗壮草本。

分布：东兰。

饲用价值：中。牛、羊采食幼嫩茎叶。

齿叶泥花草（五月莲）*Ilysanthes serrata*（Roxb.）Urb.

生境：田边、沟边、耕地。

性状：一年生披散草本。

分布：防城区。

饲用价值：中。牛、羊采食幼嫩茎叶。

水八角（大叶石龙尾、水茴香）*Limnophila rugosa*（Roth）Merr.

生境：河边、沟边湿地。

性状：一年生或多年生草本。

分布：防城区。

饲用价值：劣。全株有小毒。

长蒴母草 *Lindernia anagallis*（Burm. F.）Pennell [*Lindernia cordifolia*（Colsm.）Merr.]

生境：潮湿处。

性状：一年生柔弱草本。

分布：东兰、融安。

饲用价值：优。牛、羊采食幼嫩茎叶。

母草 ***Lindernia crustacea***（L.）F. Muell.

生境：水田、湿地。
性状：一年生草本。
分布：都安。
饲用价值：良。牛、羊、马采食幼嫩植株。

旱田草（调经草、旱母草）***Lindernia ruellioides***（Colsm.）Pennell ［***Ilysanthes ruellioides***（Colsm.）Kuntze］

生境：潮湿处。
性状：一年生伏地草本。
分布：东兰。
饲用价值：优。牛、羊喜食幼嫩植株。

通泉草 ***Mazus pumilus***（N. L. Burman）Steenis ［***Mazus japonicus***（Thunb.）O. Kuntze］

生境：田中、潮湿草地、沟边、路边、林边。
性状：一年生草本。
分布：南宁、东兰、隆林、靖西、凌云、乐业、柳城、龙胜。
饲用价值：良。全草可作猪、牛饲料。

白花泡桐（泡桐、白桐、白花桐、大果泡桐）***Paulownia fortunei***（Seem.）Hemsl.

生境：丘陵、山坡，或为栽培植物。
性状：落叶乔木。
分布：南宁、桂林。
饲用价值：良。花、叶可作猪饲料。

阴行草（茵陈草、土茵陈）***Siphonostegia chinensis*** Benth.

生境：山坡或山脚的草丛。
性状：一年生草本。
分布：全州。
饲用价值：中。牛、羊采食幼嫩茎叶。

独脚金 ***Striga asiatica***（L.）O. Ktze.

生境：村边、旷野。

性状：一年生直立草本。
分布：东兰、环江。
饲用价值：中。牛、羊采食幼嫩植株。

紫葳科 Bignoniaceae

白狗肠（凌霄、紫葳）*Campsis grandiflora*（Thunb.）Schum.

生境：沟谷、林边、村边。
性状：落叶木质攀缘藤本。
分布：防城区。
饲用价值：中。牛、羊采食幼嫩茎叶。

木蝴蝶（千张纸、千层纸）*Oroxylum indicum*（L.）Bentham ex Kurz（*Bignonia indica* L.；*Bignonia pentandra* Lour.）

生境：山坡、路边、田埂。
性状：落叶乔木。
分布：防城区。
饲用价值：中。牛、羊采食嫩叶。

菜豆树（牛尾树、恩树）*Radermachera sinica*（Hance）Hemsl.

生境：石灰岩山坡疏林，或栽培于村边。
性状：落叶乔木。
分布：平乐、马山。
饲用价值：中。牛、羊采食幼嫩枝叶。

芝麻科 Pedaliaceae

芝麻（胡麻）*Sesamum indicum* L.

生境：栽培油料作物。
性状：一年生草本。
分布：柳城、柳江区、鹿寨、融水、融安、三江、金城江区、罗城、宜州区、环江、东兰、巴马、

凤山、南丹、天峨、都安、大化、兴安、全州、资源、龙胜、灵川、恭城、荔浦、平乐、灌阳、永福、田东、田阳区、平果、凌云、田林、西林、隆林、乐业、德保、南宁、马山、合浦、上思、浦北、灵山、兴宾区、武宣、象州、忻城、金秀、合山、桂平、平南、港北区、富川、八步区、容县、博白、北流、天等、宁明等。

饲用价值：中。牛、羊采食幼嫩茎叶。

爵床科 Acanthaceae

老鼠簕（水老鼠簕）*Acanthus ilicifolius* L.

生境：海滨疏林下、池边泥滩地。

性状：分枝灌木。

分布：防城区。

饲用价值：低。叶可作羊饲料。

鸭嘴花（大驳骨）*Adhatoda vasica* Nees

生境：栽培药用植物。

性状：常绿灌木。

分布：武宣、防城区。

饲用价值：中。山羊采食幼嫩茎叶。

大驳骨（偏肿鸭嘴花、黑叶爵床、黑叶接骨草）*Adhatoda ventricosa*（Wall.）Nees

［***Justicia ventricosa*** Wall.；***Cendarussa ventricosa***（Wall.）Nees］

生境：山坡、林下，或为栽培植物。

性状：常绿灌木。

分布：合浦。

饲用价值：中。牛、羊采食幼嫩茎叶。

穿心莲（榄核莲、一见喜、斩舌剑、苦草、苦胆草、四方草）*Andrographis paniculata*（Burm. f.）Nees

生境：栽培药用植物。

性状：一年生直立草本。

分布：上思、防城区。

饲用价值：劣。牛、山羊微食幼嫩茎叶。

假杜鹃 ***Barleria cristata*** L.

生境：田野、草地。

性状：直立分枝半灌木。

分布：都安。

饲用价值：低。牛、羊采食幼嫩茎叶。

狗肝菜（草羚羊）***Dicliptera chinensis***（L.）Juss.

生境：村边、路边、沟边。

性状：一年生或二年生草本。

分布：天峨、合浦、灵山、上思、融水、融安、三江、武宣。

饲用价值：优。幼嫩茎叶可作猪、牛饲料。

水蓑衣（水箭草、节节同、节上花、穿心蛇、鱼骨草、九节花、墨菜）***Hygrophila ringens***（Linnaeus）R. Brown ex Sprengel

［***Hygrophila salicifolia***（Vahl）Nees］

生境：田边、沟边、河边等潮湿处。

性状：一年生或二年生直立草本。

分布：都安。

饲用价值：中。幼嫩茎叶可作猪、牛、羊饲料。

小驳骨（驳骨丹、小接骨、驳骨消、接骨木、接骨筒、乌骨黄藤）***Justicia gendarussa*** Burm. f.

（***Gendarussa vulgaris*** Nees）

生境：栽培于村边、园边，或为野生。

性状：常绿大灌木。

分布：合浦、防城区。

饲用价值：中。牛、羊采食幼嫩茎叶。

爵床（鼠尾红、疳积草、巴骨癀、小青草、五罗草、野辣子叶、山苏麻、小夏枯草）***Justicia procumbens*** L.

［***Rostellularia procumbens***（Linn.）Nees；***Rostellularia trichochila*** Miq.］

生境：山坡、路边、村边。

性状：一年生柔弱披散草本。

分布：南宁、东兰、巴马、天峨。

饲用价值：中。幼嫩茎叶可作猪、牛、羊饲料。

九头狮子草（咳嗽草、六角英、观音草、广西山蓝）*Peristrophe japonica* (Thunb.) Bremek.

(***Dicliptera japonica*** Mak.；***Dianthera japonica*** Thunb.；***Justicia crinita*** Thunb.)

生境：山坡草地、林下。

性状：多年生草本。

分布：合浦。

饲用价值：低。牛、羊采食幼嫩茎叶。

孩儿草（疳积草、黄蜂草、节节红、蓝色草、鼠尾黄、土夏枯草）*Rungia pectinata* (L.) Nees

生境：旷野、草地。

性状：一年生多枝草本。

分布：都安。

饲用价值：中。幼嫩茎叶可作牛、羊饲料。

板蓝（马兰、蓝淀、南板蓝根）*Strobilanthes cusia* (Nees) Kuntze

[***Baphicacanthus cusia*** (Nees) Bremek.]

生境：栽培药用植物，或野生于村边、山沟。

性状：多年生粗壮草本。

分布：平南、防城区。

饲用价值：低。牛、羊采食幼嫩茎叶。

马鞭草科 Verbenaceae

广东紫珠（臭常山、大叶珍珠、金刀菜、金刀柴、金刀树、老鸦、万年青、小金刀、珍珠风、止血柴）*Callicarpa kwangtungensis* Chun

生境：山坡、林下。

性状：灌木。

分布：合浦。

饲用价值：低。牛、羊采食幼嫩茎叶。

长柄紫珠 ***Callicarpa longipes*** Dunn

生境：路边、村边、地边。

性状：灌木。高 2 ～ 3 m。

分布：巴马、东兰。

饲用价值：低。花期 6 ～ 7 月。山羊采食幼嫩茎叶。

大叶紫珠（郎陆、白骨风、大风叶、紫珠草、赶风紫、红大曰、假大艾）***Callicarpa macrophylla*** Vahl

生境：村边、路边、荒坡、草地。

性状：直立灌木。

分布：防城区、武宣、东兰、都安、天峨、金城江区、宜州区、罗城、柳城、柳江区、鹿寨等。

饲用价值：低。花期 4 ～ 7 月。牛、山羊采食幼嫩茎叶。

红紫珠（贼仔药）***Callicarpa rubella*** Lindl.（***Viburnum dielsii*** H. Lév.；***Callicarpa panduriformis*** H. Lév.；***Callicarpa rubella*** var. ***hemsleyana*** Diels）

生境：山坡草地、林下。

性状：半灌木。

分布：浦北、灵山。

饲用价值：低。山羊采食幼嫩茎叶。

狭叶红紫珠 ***Callicarpa rubella*** Lindl. f. ***angustata*** C. P'ei

生境：山坡草地、林下、灌木丛。

性状：灌木。

分布：柳城、柳江区、鹿寨、融水、融安、三江、金城江区、罗城、宜州区、环江、东兰、巴马、凤山、南丹、天峨、都安、大化、兴安、全州、资源、龙胜、灵川、恭城、荔浦、平乐、灌阳、永福、田东、田阳区、平果、凌云、田林、西林、隆林、乐业、德保、南宁、马山、合浦、上思、浦北、灵山、兴宾区、武宣、象州、忻城、金秀、合山、桂平、平南、港北区、富川、八步区、容县、博白、北流、天等、宁明等。

饲用价值：中。山羊采食幼嫩茎叶。

兰香草（走马天风、九层楼、宝塔草、山薄荷）***Caryopteris incana***（Thunb. ex Hout.）Miq.

生境：山坡、路边。

性状：矮小直立小灌木。

分布：都安、马山、象州。
饲用价值：中。牛、羊采食幼嫩茎叶。

臭牡丹（臭梧桐、白花臭牡丹）*Clerodendrum bungei* Steud.

生境：山坡、路边、宅边阴湿处。
性状：落叶小灌木。
分布：梧州。
饲用价值：劣。全株有小毒。

灰毛大青（人瘦木、狮子球）*Clerodendrum canescens* Wall. ex Walp.（*Clerodendron viscosum* auct. non. Vent.）

生境：阴湿草地。
性状：直立灌木。
分布：都安。
饲用价值：中。山羊采食幼嫩茎叶。

大青（路边青、猪屎青、羊咪青、羊屎青）*Clerodendrum cyrtophyllum* Turcz.

生境：山坡、桥下、路边、荒地。
性状：直立灌木。
分布：柳城、柳江区、鹿寨、融水、融安、三江、金城江区、罗城、宜州区、环江、东兰、巴马、凤山、南丹、天峨、都安、大化、兴安、全州、资源、龙胜、灵川、恭城、荔浦、平乐、灌阳、永福、田东、田阳区、平果、凌云、田林、西林、隆林、乐业、德保、南宁、马山、合浦、上思、浦北、灵山、兴宾区、武宣、象州、忻城、金秀、合山、桂平、平南、港北区、富川、八步区、容县、博白、北流、天等、宁明等。
饲用价值：低。牛、山羊采食嫩叶。

灯笼草（红灯笼、苦灯笼、鬼灯笼）*Clerodendrum fortunatum* L.

生境：山坡、旷野。
性状：小灌木。
分布：钦州。
饲用价值：中。牛、羊采食嫩叶。

臭茉莉（白龙船花、老虎草、臭芙蓉）*Clerodendrum fragrans*（Vent.）Willd.

生境：村边、路边，或为栽培植物。
性状：常绿半灌木。

分布：合浦、防城区。

饲用价值：低。山羊采食幼嫩茎叶。

假茉莉（许树、苦蓢、苦蓝盘）***Clerodendrum inerme***（L.）Gaertn.

生境：海滨沙滩。

性状：蔓状灌木。

分布：北海。

饲用价值：劣。全株有小毒。

马缨丹（五色梅、臭草、如意花、五彩花）***Lantana camara*** L.

生境：村边、路边、园边。

性状：直立或半藤状草本。

分布：巴马、合浦、荔浦、象州。

饲用价值：中。山羊采食嫩叶。

过江藤（苦舌草）***Phyla nodiflora***（L.）Greene [***Lippia nodiflora***（L.）Rich.]

生境：沟边、河堤。

性状：一年生匍匐草本。

分布：都安。

饲用价值：良。幼嫩茎叶可作猪、牛饲料。

假马鞭（玉龙鞭、玉朗鞭、大种马鞭草、大兰草、倒扣藤、牛鞭草、狮鞭草、万能草、玉郎鞭、铁索草、假败酱、倒困蛇）***Stachytarpheta jamaicensis***（L.）Vahl（***Verbena jamaicensis*** L.）

生境：田野、路边、村边。

性状：多年生草本。

分布：北海。

饲用价值：低。牛、羊采食幼嫩茎叶。

马鞭草（铁马鞭、顺律草）***Verbena officinalis*** L.

生境：路边、庭园边、荒坡、草地。

性状：多年生草本。

分布：柳城、柳江区、鹿寨、融水、融安、三江、金城江区、罗城、宜州区、环江、东兰、巴马、

凤山、南丹、天峨、都安、大化、兴安、全州、资源、龙胜、灵川、恭城、荔浦、平乐、灌阳、永福、田东、田阳区、平果、凌云、田林、西林、隆林、乐业、德保、南宁、马山、合浦、上思、浦北、灵山、兴宾区、武宣、象州、忻城、金秀、合山、桂平、平南、港北区、富川、八步区、容县、博白、北流、天等、宁明等。

饲用价值：中。牛、羊采食幼嫩茎叶。

黄荆（五指风、布荆、蚊子柴）*Vitex negundo* L.

生境：山坡、林下、路边、地边。

性状：落叶灌木或小乔木。

分布：柳城、柳江区、鹿寨、融水、融安、三江、金城江区、罗城、宜州区、环江、东兰、巴马、凤山、南丹、天峨、都安、大化、兴安、全州、资源、龙胜、灵川、恭城、荔浦、平乐、灌阳、永福、田东、田阳区、平果、凌云、田林、西林、隆林、乐业、德保、南宁、马山、合浦、上思、浦北、灵山、兴宾区、武宣、象州、忻城、金秀、合山、桂平、平南、港北区、富川、八步区、容县、博白、北流、天等、宁明等。

饲用价值：对山羊为中，对牛较低。嫩叶可作牛、羊饲料。

蔓荆（白背杨、蔓荆子）*Vitex trifolia* L.

生境：山坡、路边、海滨滩头灌木丛。

性状：落叶灌木。

分布：防城区。

饲用价值：劣。山羊微食嫩叶。

唇形科 Labiatae

藿香（青茎薄荷）*Agastache rugosa*（Fisch. et Mey.）O. Ktze.

生境：栽培药用植物，或野生于山坡、林下。

性状：多年生直立草本。

分布：防城区。

饲用价值：低。牛、羊微食幼嫩茎叶。

筋骨草（苦地胆、散血草、青鱼胆）*Ajuga decumbens* Thunb.

生境：山坡、溪边、河边等湿地。

性状：多年生草本。

分布：龙胜。

饲用价值：中。牛、羊采食幼嫩茎叶。

广防风（防风草、秽草）*Anisomeles indica*（L.）Kuntze

生境：山坡、园边。

性状：一年生直立草本。

分布：南丹、东兰、巴马、防城区、合浦、融水。

饲用价值：良。幼嫩茎叶可作猪、牛、羊饲料。

风轮菜（华风轮、野鱼腥草）*Clinopodium chinense*（Benth.）O. Kuntze（*Calamintha chinensis* Benth.）

生境：山坡草地、路边。

性状：多年生粗壮草本。

分布：上思、都安。

饲用价值：中。幼嫩茎叶可作猪、牛饲料。

麻叶风轮菜 *Clinopodium urticifolium*（Hance）C. Y. Wu et Hsuanex H. W. Li

生境：山坡草地、耕地、河边、路边。

性状：多年生草本。

分布：合浦。

饲用价值：中。幼嫩茎叶可作猪、牛饲料。

香薷 *Elsholtzia ciliata*（Thunb.）Hyland.［*Elsholtzia patrini*（Lepech.）Garcke］

生境：山坡、路边。

性状：一年生直立草本。

分布：全州。

饲用价值：低。牛、羊微食幼嫩茎叶。

野拔子（细皱香薷）*Elsholtzia rugulosa* Hemsl.［*Aphanochilus rugulosus*（Hemsl.）Kudo］

生境：山坡草地、路边、林下、灌木丛。

性状：草本至小灌木。茎高 0.3 ～ 1.5 m。

分布：桂林。

饲用价值：低。花果期 10 ～ 12 月。牛、羊微食幼嫩茎叶。

连钱草（活血丹、透骨消、钻地风、四方雷公根）***Glechoma longituba***（Nakai）Kupr.

生境：多为栽培植物，或野生于山坡、林下。
性状：多年生伏地草本。
分布：南宁、防城区。
饲用价值：中。牛、羊采食嫩叶。

山香（毛老虎）***Hyptis suaveolens***（L.）Poit.

生境：村边、路边、旷野、草地。
性状：一年生直立草本。
分布：合浦、武宣、兴宾区。
饲用价值：低。幼嫩茎叶可作猪、牛饲料。

细叶香茶菜（伤寒头、三姐妹）***Isodon tenuifolius***（W. Smith）Kudo（***Plectranthus ternifolius*** D. Don）

生境：山坡草地。
性状：一年生草本。
分布：东兰、环江、罗城、宜州区、金城江区。
饲用价值：中。牛、羊采食幼嫩茎叶。

益母草（益母艾）***Leonurus japonicus*** Houtt.［***Leonurus heterophyllus*** Sw.；***Leonurus artemisia***（Lour.）S. Y. Hu F］

生境：草地、树边、村边、路边、河边、溪边等湿润处。
性状：一年生或二年生草本。
分布：南宁、防城区、兴安、博白、象州、融水、金城江区。
饲用价值：良。幼嫩茎叶可作猪、牛、羊饲料。

毛绣球防风（白绒草）***Leucas mollissima*** Wall.

生境：宅边、路边、旷野。
性状：一年生草本。
分布：东兰。
饲用价值：低。牛、羊采食幼嫩茎叶。

地笋（泽兰、地瓜儿苗）***Lycopus lucidus*** Turcz.

生境：多为栽培植物，或野生于低湿地。

性状：多年生草本。
分布：南丹。
饲用价值：良。茎叶可作猪饲料。根富含淀粉。

田野薄荷 *Mentha arvensis* L.

生境：栽培植物，或野生于溪边、沟边、路边。
性状：多年生草本。
分布：防城区。
饲用价值：劣。羊微食幼嫩茎叶。

薄荷（野薄荷）*Mentha canadensis* Linnaeus
（*Mentha haplocalyx* Briq.）

生境：山坡、林下、水边湿地。
性状：多年生草本。
分布：兴安、灌阳、全州。
饲用价值：中。牛、羊采食幼嫩茎叶。

石香薷（细叶香薷、细叶荠苎、蚊子草、华荠苎、野香薷、土荆芥）*Mosla chinensis* Maxim.
[*Orthodon chinensis*（Maxim.）Kudo；*Orthodon fordii*（Maxim.）Hand.-Mazz.]

生境：石砾较多的山坡、旷野向阳处。
性状：一年生草本。
分布：防城区。
饲用价值：低。牛、羊采食幼嫩茎叶。

荠苎（热痱子）*Mosla grosseserrata* Maxim.
[*Orthodon grosseserratus*（Maxim.）Kudo]

生境：路边、草地。
性状：一年生草本。
分布：全州、都安、东兰。
饲用价值：中。牛、羊采食幼嫩茎叶。

石荠苎（沙虫药、粗糙荠苧）*Mosla scabra*（Thumb.）C. Y. Wu et H. W. Li
[*Mosla punctata*（Thunb.）Maxim.；*Orthodon scabra*（Thb.）Hand.-Mazz.]

生境：山坡、林下、沟边潮湿处。

性状：一年生直立草本。
分布：象州。
饲用价值：中。牛、羊采食幼嫩茎叶。

裂叶荆芥（荆芥）***Nepeta tenuifolia*** Bentham [***Schizonepeta tenuifolia***（Benth.）Briq.]

生境：栽培植物，或野生于山坡、草地、林下。
性状：一年生草本。
分布：梧州。
饲用价值：劣。山羊微食幼嫩茎叶。

紫苏（白苏、野紫苏）***Perilla frutescens***（L.）Britt.

生境：栽培植物，或野生于村边肥沃地。
性状：一年生直立草本。
分布：西林、隆林、巴马、南宁。
饲用价值：中。幼嫩茎叶可作猪饲料。种子经榨油后所产生油粕可作良好的家畜饲料。

水珍珠菜（毛水珍珠菜、毛射草）***Pogostemon auricularius***（L.）Hassk. [***Dysophylla auricularia***（L.）Blume]

生境：水沟边、湿地。
性状：一年生粗壮草本。
分布：浦北、兴宾区、忻城。
饲用价值：中。全株可作猪、牛饲料。

夏枯草（紫花草、夏枯球、欧夏枯草）***Prunella vulgaris*** L.（***Brunella vulgaris*** L.）

生境：山坡草地、林下、荒地、路边、沟边湿地。
性状：多年生草本。
分布：南宁、兴宾区、鹿寨、融安、融水、柳城、柳江区、阳朔、荔浦、恭城、兴安、南丹。
饲用价值：良。幼嫩茎叶可作猪、牛、羊饲料。

线纹香茶菜（溪黄草）***Rabdosia lophanthoides***（Buch.-Ham. Ex D. Don）Hara. [***Plectrantnus serra*** Maxim.；***Hyssopus lophanthoides*** Buch.-Ham. ex D. Don；***Plectranthus striatus*** Benth.；***Isodon striatus***（Benth.）Kudo]

生境：沟边、河边湿地。

性状：多年生草本。

分布：东兰、防城区。

饲用价值：低。牛、羊采食幼嫩茎叶。

蓝花柴胡（脉叶香茶菜、六叶蛇总管）*Rabdosia neruosa*（Hemsl.）C. Y. Wu et H. W. Li

［*Plectranthus neruosa* Hemsl.；*Isodon neruosurs*（Hemsl.）Kudo］

生境：山谷、沟边、湿地，或为栽培植物。

性状：多年生草本。

分布：防城区。

饲用价值：中。牛、羊采食幼嫩茎叶。

鼠尾草（华鼠尾、紫参）*Salvia japonica* Thunb.

生境：山坡草地。

性状：多年生草本。

分布：浦北。

饲用价值：低。幼嫩茎叶可作猪、牛饲料。

半枝莲（狭叶韩信草、小韩信）*Scutellaria barbata* D. Don

生境：沟边、田边、旷野湿地。

性状：一年生宿根草本。

分布：环江、合浦。

饲用价值：中。幼嫩茎叶可作猪饲料。

耳挖草（韩信草、大力草、大叶半枝莲）*Scutellaria indica* L.

生境：沟边、田边、坡地、草丛。

性状：多年生被毛草本。

分布：平南。

饲用价值：低。牛、羊采食幼嫩茎叶。

血见愁（山藿香、野藿香）*Teucrium viscidum* Blume.

生境：山坡、田边、山谷半阴草丛。

性状：一年生草本。

分布：合浦。

饲用价值：中。幼嫩茎叶可作猪、牛、羊饲料。

水鳖科 Hydrocharitaceae

水筛（鸭仔草、箦藻）*Blyxa japonica*（Miq.）Maxim.

生境：水田、水塘、低湿地。

性状：沉水淡水草本。

分布：南宁、东兰、巴马。

饲用价值：优。全草可作猪、牛、羊、鸭、鱼饲料。

黑藻（水王孙）*Hydrilla verticillata*（L. f.）Royle.

生境：水塘、小溪、低湿地。

性状：沉水草本。

分布：田林、都安、东兰、巴马、阳朔、兴安。

饲用价值：优。全草可作猪、鱼饲料。

龙舌草（水车前、水带菜、水芥菜）*Ottelia alismoides*（L.）Pers.（*Stratiotes alismoides* L.；*Ottelia condorensis* Gagnep.；*Ottelia dioecia* Yan）

生境：水塘、溪流。

性状：沉水草本。

分布：龙州、临桂区。

饲用价值：良。全草可作猪饲料。

苦草（欧亚苦草、水茜）*Vallisneria natans*（Lour.）Hara（*Vallisneria spiralis* L.）

生境：淡水池塘、溪沟。

性状：沉水无茎草本。

分布：桂林。

饲用价值：良。全草可作猪、鱼饲料。

泽泻科 Alismataceae

冠果草 *Sagittaria guayanensis* subsp. *lappula*（D. Don）Bogin [*Sagittaria guyanensis* subsp. *lappula*（D. Don）Bojin]

生境：水田、低湿地。

性状：一年生草本。
分布：南宁。
饲用价值：良。全草可作猪饲料。

矮慈姑 ***Sagittaria pygmaea*** Miq.

生境：水田、低湿地。
性状：一年生水生草本。
分布：东兰、巴马。
饲用价值：中。全草可作猪、牛饲料。

华夏慈姑（慈姑）***Sagittaria trifolia*** subsp. ***leucopetala***（Miquel）Q. F. Wang [***Sagittaria sagittifolia*** subsp. ***leucopetala***（Miq.）Hartog]

生境：栽培蔬菜作物。
性状：多年生水生草本。
分布：桂林、东兰、河池、巴马、宜州区。
饲用价值：良。全草可作猪、牛饲料。

水麦冬科 Juncaginaceae

水麦冬 ***Triglochin palustris*** Linn.（***Triglochin palustre*** L.）

生境：河边湿地、沼泽地、盐碱湿草地。
性状：多年生草本。
分布：全州、平乐。
饲用价值：中。牛、羊采食幼嫩植株。

眼子菜科 Potamogetonaceae

鸡冠眼子菜（水猪菜、菹草、小叶眼子菜）***Potamogeton crispus*** L.

生境：静水池沼、田中。
性状：多年生沉水草本。

分布：柳州、百色、崇左等。

饲用价值：优。全草可作猪、鸭、鱼饲料。

蓼叶眼子菜（躁甲草）*Potamogeton polygonifolius* Pour.

生境：静水池沼、田中。

性状：多年生沉水草本。

分布：桂林。

饲用价值：良。全草可作猪饲料。

竹叶眼子菜（马来眼子菜、碧叶藻）*Potamogeton wrightii* Morong（*Potamogeton malaianus* Miq.）

生境：静水池沼。

性状：多年生沉水草本。

分布：桂林。

饲用价值：良。全草可作猪饲料。

鸭跖草科 Commelinaceae

饭包草（竹叶菜、火柴头）*Commelina benghalensis* L.

生境：低湿地。

性状：多年生匍匐草本。

分布：巴马、东兰。

饲用价值：优。全草可作猪、兔饲料。

鸭跖草（竹壳菜）*Commelina communis* Linn.

生境：田边、路边、山沟边、水沟边、低湿地等。

性状：一年生披散草本。

分布：柳城、柳江区、鹿寨、融水、融安、三江、金城江区、罗城、宜州区、环江、东兰、巴马、凤山、南丹、天峨、都安、大化、兴安、全州、资源、龙胜、灵川、恭城、荔浦、平乐、灌阳、永福、田东、田阳区、平果、凌云、田林、西林、隆林、乐业、德保、南宁、马山、合浦、上思、浦北、灵山、兴宾区、武宣、象州、忻城、金秀、合山、桂平、平南、港北区、富川、八步区、容县、博白、北流、天等、宁明等。

饲用价值：优。全草可作猪、牛、羊、兔饲料。

大苞鸭跖草（斜叶鸭跖草、七节风）*Commelina paludosa* Blumc.

生境：山谷、溪边。

性状：多年生粗壮草本。

分布：浦北。

饲用价值：良。全草可作猪、兔饲料。

聚花草（竹叶草、水竹菜）*Floscopa scandens* Lour.

生境：水边、山沟边、草地、林中。

性状：多年生草本。具极长的根状茎，根状茎节上密生须根。

分布：环江。

饲用价值：良。花果期 7 ～ 11 月。全草可作猪、兔饲料。

疣草（水竹叶、肉草）*Murdannia keisak*（Hassk.）Hand-Mazz.（*Aneilema keisak* Hassk.；*Aneilema oliganthum* Franch. et Savat.）

生境：低湿地、浅水。

性状：一年生草本。

分布：阳朔、上思、武宣。

饲用价值：优。全草可作猪饲料。

狭叶水竹叶（喜草）*Murdannia loriformis*（Hassk.）Rolla S. Rao et Kammathy（*Aneilema lonfonmis* Hassk.；*Aneilema angustifolium* N. E. Br.）

生境：阴湿山坡、低湿地。

性状：多年生直立草本。

分布：桂林、东兰。

饲用价值：优。全草可作猪、牛、羊、兔饲料。

大果水竹叶 *Murdannia macrocarpa* Hong

生境：林中低湿地。

性状：多年生草本。

分布：梧州。

饲用价值：良。全株可作猪、牛饲料。

裸花水竹叶（肉草、红竹壳菜、血见仇）*Murdannia nudiflora*（L.）Brenan［*Aneilema malabaricum*（L.）Merr.；*Aneilema nudiflorum*（L.）Wall.］

生境：沟边、山坡、矮草丛潮湿处。

性状：多年生柔弱草本。
分布：北海、平南、北流。
饲用价值：良。全草可作猪、兔饲料。

水竹叶 ***Murdannia triquetra***（Wall. ex C. B. Clarke）Bruckn.
（***Aneilema triquetrum*** Wall. ex C. B. Clarke；***Aneilema nutans*** H. Lév.）

生境：低湿地。
性状：一年生草本。
分布：金城江区。
饲用价值：优。全株可作猪、牛、羊饲料。

吊竹梅（红竹党菜、水竹草、百毒散）***Zebrina pendula*** Schnizl.

生境：低湿地、村边、园边。
性状：多年生草本。
分布：博白。
饲用价值：良。幼嫩茎叶可作猪、牛饲料。

黄眼草科（葱草科） Xyridaceae

黄眼草 ***Xyris indica*** Linn.
（***Xyris robusta*** Mart.）

生境：田中、地边、山谷潮湿处。
性状：一年生草本。
分布：合浦。
饲用价值：低。牛采食幼嫩植株。

葱草（少花黄眼草）***Xyris pauciflora*** Willd.

生境：山谷、田野、沼泽、田中。
性状：柔弱直立簇生或散生草本。
分布：合浦。
饲用价值：低。牛采食幼嫩茎叶。

谷精草科 Eriocaulaceae

谷精草（耳朵刷子、挖耳朵草、珍珠草、平头谷精草）*Eriocaulon buergerianum* Koern.

（***Eriocaulon truncalum*** Buch.-Ham ex Mart.）

生境：低洼沼泽、田中、水沟边。

性状：一年生湿生矮小草本。

分布：恭城、北流。

饲用价值：中。全草可作猪、牛饲料。

芭蕉科 Musaceae

野蕉 *Musa balbisiana* Colla

生境：山谷、溪边。

性状：多年生肉质草本。

分布：柳城、柳江区、鹿寨、融水、融安、三江、金城江区、罗城、宜州区、环江、东兰、巴马、凤山、南丹、天峨、都安、大化、兴安、全州、资源、龙胜、灵川、恭城、荔浦、平乐、灌阳、永福、田东、田阳区、平果、凌云、田林、西林、隆林、乐业、德保、南宁、马山、合浦、上思、浦北、灵山、兴宾区、武宣、象州、忻城、金秀、合山、桂平、平南、港北区、富川、八步区、容县、博白、北流、天等、宁明等。

饲用价值：中。幼嫩茎秆可作猪饲料。

香蕉 *Musa cavendishii* Lamb.

生境：栽培水果作物，或为野生。

性状：多年生肉质草本。

分布：南宁。

饲用价值：中。幼嫩茎秆可作猪饲料。

芭蕉 *Musa sapientum* L.

生境：栽培水果作物。

性状：多年生肉质草本。

分布：南宁。

饲用价值：中。幼嫩茎秆可作猪饲料。

姜科 Zingiberaceae

大高良姜（红豆蔻）*Alpinia galanga*（L.）Willd.

生境：山坡、林中。
性状：多年生草本。
分布：融水、东兰、环江。
饲用价值：低。幼嫩茎叶可作猪饲料。

山姜（土砂仁）*Alpinia japonica*（Thunb.）Miq.

生境：溪边、林下阴湿处。
性状：多年生草本。
分布：防城区。
饲用价值：低。幼嫩植株可作猪、牛、羊饲料。

花叶山姜 *Alpinia pumila* Hook. f.

生境：山谷、林下阴湿处。
性状：多年生草本。
分布：环江。
饲用价值：低。花期 4 ～ 6 月。幼嫩植株可作猪、牛、羊饲料。

艳山姜（草豆蔻、假砂仁、大草扣）*Alpinia zerumbet*（Pers.）Burtt. et Smith ［*Costus zerumbet* Pers.；*Alpinia speciosa*（Wendl.）K. Schurn.］

生境：阴湿溪边、灌木丛。
性状：多年生草本。
分布：合浦。
饲用价值：低。牛、羊采食幼嫩茎叶。

砂仁（阳春砂）*Amomum villosum* Lour.

生境：栽培药用植物，或野生于山坡阴湿处。
性状：多年生草本。
分布：防城区。

饲用价值：低。幼嫩茎叶可作猪、牛饲料。

姜黄 ***Curcuma longa*** L.

生境：山坡草地、松林边、阔叶疏林下，或为栽培植物。

性状：多年生丛生宿根草本。

分布：忻城、防城区。

饲用价值：低。幼嫩茎叶可作牛、羊饲料。

毛姜花 ***Hedychium villosum*** Wall.

生境：林下阴湿处。

性状：多年生草本。

分布：浦北。

饲用价值：低。牛、羊采食幼嫩茎叶。

沙姜（山柰）***Kaempferia galanga*** L.

生境：栽培药用植物，或为野生。

性状：多年生草本。

分布：合浦、防城区。

饲用价值：低。幼嫩茎叶可作猪、牛饲料。

土田七（姜三七、姜叶三七、竹叶三七、三七姜、红沙姜、红三七）***Stahlianthus involucratus***（King ex Bak.）Craib ex Loesener（***Kaempferia involucrata*** King ex Baker；***Kaempferia hainanensis*** Hayata）

生境：多为栽培植物，或野生于山坡、林下。

性状：多年生草本。

分布：防城区。

饲用价值：低。幼嫩茎叶可作猪、牛饲料。

生姜 ***Zingiber officinale*** Roscoe.

生境：栽培植物。

性状：一年生草本。根状茎肉质，扁圆横走。

分布：南宁。

饲用价值：中。花期 7 ～ 8 月（栽培的很少开花）。幼嫩植株可作猪、牛、羊饲料。

蕉芋科（美人蕉科） Cannaceae

芭蕉芋（姜芋、蕉芋）*Canna edulis* Ker Gawl.

生境：栽培作物。

性状：多年生草本。

分布：南宁。

饲用价值：良。全株可作猪饲料。

美人蕉（红花蕉）*Canna indica* Linn.

生境：栽培作物。

性状：多年生草本。

分布：象州。

饲用价值：良。全株可作猪饲料。

竹芋科（苳叶科） Marantaceae

竹芋 *Maranta arundinacea* Linn.

生境：栽培作物。

性状：多年生直立草本。

分布：桂林。

饲用价值：良。幼嫩茎叶可作猪饲料。根状茎富含淀粉。

柊叶（棕叶、苳叶）*Phrynium rheedei* Suresh & Nicolson（*Phrynium capitatum* Willd.）

生境：低山、丘陵、山谷、密林下。

性状：多年生直立草本。

分布：防城区、金城江区。

饲用价值：低。幼嫩茎叶可作牛、羊饲料。

百合科 Liliaceae

芦荟（油葱）*Aloe vera*（L.）Burm. f.
[*Aloe vera* var. *chinensis*（Haw.）Berg.]

生境：栽培作物。
性状：多年生草本。
分布：防城区。
饲用价值：劣。全株有小毒。

天门冬（天冬）*Asparagus cochinchinensis*（Lour.）Merr.

生境：低山、丘陵、山坡、路边、疏林下。
性状：攀缘藤本。
分布：南宁。
饲用价值：低。山羊采食嫩叶。块根富含淀粉。

三角草（小花吊兰）*Chlorophytum laxum* R. Br.
（*Anthericum parviflorum* Benth.）

生境：山坡、林下。
性状：多年生草本。
分布：合浦。
饲用价值：低。幼嫩茎叶可作牛、羊饲料。

山菅兰（山菅）*Dianella ensifolia*（L.）DC.

生境：山坡、草丛、灌木丛。
性状：多年生草本。
分布：上思、东兰、环江。
饲用价值：低。牛、羊采食幼嫩茎叶。

黄花菜（萱草）*Hemerocallis fulva*（L.）L.

生境：栽培作物。
性状：多年生草本。
分布：南宁。
饲用价值：中。嫩叶可作猪饲料。

百合（山蒜头）*Lilium brownii* var. *viridulum* Baker
［***Lilium brownii*** var. ***colchesteri*** Van Houtte ex Stapf；***Lilium brownii*** var. ***ferum*** Stapf ex Elwes；***Lilium brownii*** var. ***odorum***（Planchon）Baker］

生境：山坡、溪谷边、灌木丛。
性状：多年生草本。
分布：兴安。
饲用价值：低。牛、羊采食幼嫩茎叶。

山麦冬（麦门冬）*Liriope spicata*（Thunb.）Lour.

生境：山坡、草地、石山。
性状：多年生簇生草本。
分布：全区各地，标本采集于凤山。
饲用价值：中。山羊采食嫩叶。

麦冬（沿阶草、小麦冬、韭叶麦冬、寸冬）*Ophiopogon japonicus*（Linn. f.）Ker-Gawl.

生境：疏林、旷野、山坡、湿地。
性状：多年生矮小草本。
分布：兴宾区、环江。
饲用价值：良。牛、羊采食嫩叶。

多花黄精 *Polygonatum multiflorum*（L.）All.

生境：林下、灌木丛、山坡阴处。
性状：多年生草本。
分布：融水。
饲用价值：中。花期5～6月，果期8～10月。幼嫩茎叶可作猪、牛饲料。

玉竹（尾参）*Polygonatum odoratum*（Mill.）Druce
（***PoIygonatum officinale*** All.）

生境：山坡、林下、石缝中，多见于阴湿处，或为栽培植物。
性状：多年生草本。
分布：梧州。
饲用价值：中。幼嫩茎叶可作猪饲料。

七叶一枝花科（延龄草科） Trilliaceae

重楼 *Paris chinensis* Franch.

生境：山坡、林下潮湿处。

性状：多年生草本。

分布：防城区。

饲用价值：中。牛、羊采食幼嫩茎叶。

七叶一枝花（独脚莲、七子莲、多叶重楼）*Paris polyphylla* Smith

生境：低中山坡、林下。

性状：多年生草本。

分布：桂林。

饲用价值：劣。全株有小毒。

雨久花科 Pontederiaceae

水葫芦（凤眼蓝、水浮莲、凤眼莲）*Eichhornia crassipes*（Mart.）Solms

生境：水塘、水沟、田中。

性状：浮水草本。

分布：柳城、柳江区、鹿寨、融水、融安、三江、金城江区、罗城、宜州区、环江、东兰、巴马、凤山、南丹、天峨、都安、大化、兴安、全州、资源、龙胜、灵川、恭城、荔浦、平乐、灌阳、永福、田东、田阳区、平果、凌云、田林、西林、隆林、乐业、德保、南宁、马山、合浦、上思、浦北、灵山、兴宾区、武宣、象州、忻城、金秀、合山、桂平、平南、港北区、富川、八步区、容县、博白、北流、天等、宁明等。

饲用价值：良。全草可作畜禽饲料。生长适应能力强、繁殖快、产量高，常由于过度繁殖阻塞水道。曾被多个国家引进，分布广泛，被列为世界百大外来入侵物种之一。

箭叶雨久花（山芋、烟梦花）*Monochoria hastata*（Linn.）Solms

生境：淡水池塘、沟边、稻田、海滨湿地。

性状：多年生水生草本。

分布：南宁。

饲用价值：良。全草可作猪饲料。

鸭舌草（鸭仔菜、水锦葵）*Monochoria vaginalis*（Burm. f.）C. Presl ex Kunth

生境：湿地、浅水池塘。

性状：多年生水生草本。

分布：陆川。

饲用价值：优。全草可作猪饲料。

菝葜科 Smilacaceae

疣枝菝葜 *Smilax aspericaulis* Wall. ex A. DC.

生境：林下、灌木丛、山坡荫蔽处。

性状：攀缘灌木。

分布：东兰。

饲用价值：对牛为中，对山羊为良。牛、羊采食幼嫩茎叶。

菝葜（金刚兜）*Smilax china* Linn.

生境：中山或丘陵的林下、路边、山坡。

性状：攀缘灌木。

分布：南宁、凤山、防城区、合浦、平乐、兴安、三江、融安。

饲用价值：对牛为中，对山羊为良。牛、羊采食幼嫩茎叶。根状茎富含淀粉。老植株有害。

土茯苓（光叶菝葜）*Smilax glabra* Roxb.

生境：低中山、丘陵、山坡、林下、灌木丛、河岸林边。

性状：攀缘灌木。

分布：柳城、柳江区、鹿寨、融水、融安、三江、金城江区、罗城、宜州区、环江、东兰、巴马、凤山、南丹、天峨、都安、大化、兴安、全州、资源、龙胜、灵川、恭城、荔浦、平乐、灌阳、永福、田东、田阳区、平果、凌云、田林、西林、隆林、乐业、德保、南宁、马山、合浦、上思、浦北、灵山、兴宾区、武宣、象州、忻城、金秀、合山、桂平、平南、港北区、富川、八步区、容县、博白、北流、天等、宁明等。

饲用价值：中。牛、羊采食幼嫩茎叶。根状茎富含淀粉。

卵叶菝葜（牛尾菜、草菝葜）*Smilax riparia* A. DC.

生境：山坡、林下、灌木丛、草丛。

性状：草质藤本。

分布：马山。
饲用价值：中。幼嫩苗叶可作猪、牛饲料。

短梗菝葜（威灵仙）*Smilax scobinicaulis* C. H. Wright.

生境：林下、灌木丛、山坡、草丛。
性状：攀缘灌木或半灌木。
分布：象州。
饲用价值：中。牛、羊采食幼嫩茎叶。

天南星科 Araceae

菖蒲（水葛滑、白菖蒲）*Acorus calamus* L.

生境：栽培药用植物，或野生于低湿地。
性状：多年生草本。
分布：武宣。
饲用价值：劣。羊微食嫩叶。

石菖蒲（山菖蒲、药菖蒲、水剑草、凌水档、石蜈蚣）*Acorus gramineus* Soland.

生境：山沟、水边的岩石山上。
性状：多年生草本。
分布：融水、金秀。
饲用价值：劣。羊微食嫩叶。

卜芥（假海芋、老虎芋、兴尾草、老虎耳、狼毒）*Alocasia cucullata*（Lour.）Schott

生境：村边、沟边、潮湿处。
性状：多年生粗壮草本。
分布：防城区、兴宾区。
饲用价值：劣。茎有毒。

海芋（野芋、大狼毒）*Alocasia odora*（Roxb.）K. Koch [*Alocasia macrorrhiza*（Linn.）Schott]

生境：山谷、林下、水沟边、村边。

性状：多年生粗壮草本。

分布：防城区、东兰、巴马、恭城。

饲用价值：低。全株有毒。茎叶煮熟后可喂猪。

一把伞南星（天南星、南星）***Arisaema erubescens***（Wall.）Schott（***Arisaema consanguineum*** Schott）

生境：沟边、山坡常绿阔叶林下的石缝中。

性状：多年生草本。

分布：桂林。

饲用价值：劣。全株有毒，叶和块茎含生物碱。煮沸后有毒成分消失方可利用。

野芋 ***Colocasia antiquorum*** Schott

[***Aum colocasia*** L.;***Colocasia esculentum***（L.）Schott var. ***antipuorum***（Schott）Hubbard et Rehd]

生境：低湿肥沃地。

性状：一年生草本。

分布：武宣、兴宾区。

饲用价值：良。全株可作猪饲料。根状茎富含淀粉。

芋 ***Colocasia esculenta***（L.）Schott

生境：栽培作物。

性状：一年生草本。

分布：南宁。

饲用价值：良。全株煮熟后可作猪饲料。根状茎富含淀粉。

沙滩草（隐棒草、隐棒花、发冷草、沙洲草）***Cryptocoryne sinensis*** Merr.

生境：河滩、水边。

性状：水生小草本。

分布：南宁。

饲用价值：良。全株可作猪饲料。

千年健（一包针）***Homalomena occulta***（Lour.）Schott

生境：深山疏林下、山谷近水湿地。

性状：多年生常绿草本。

分布：平乐、防城区。

饲用价值：中。幼嫩茎叶可作猪饲料。

刺芋（簕慈姑、簕芋）*Lasia spinosa*（L.）Thwait.
（***Dracontium spinosum*** Linn.；***Lasia heterophylla*** Schott；***Lasia aculeata*** Lour.）

生境：阴湿山谷、沟边等近水处。
性状：多年生湿生粗壮有刺草本。
分布：防城区。
饲用价值：劣。全株有小毒。

心叶半夏（野慈姑、水半夏、滴水珠、天灵芋）*Pinellia cordata* N. E. Brown
（***Pinellia browiniana*** Dunn）

生境：村边、阴湿草丛、岩石缝中。
性状：宿根草本。
分布：梧州。
饲用价值：劣。全株有小毒。

半夏（三叶半夏、地慈茹、三步跳、半月莲）*Pinellia ternata*（Thunb.）Breit.

生境：山坡湿地、林边、溪谷草丛、村边、园边、耕地。
性状：宿根草本。
分布：梧州。
饲用价值：劣。全株有小毒。

水浮莲（大薸、薸、大浮莲、莲花薸）*Pistia stratiotes* L.

生境：水塘、田中。
性状：多年生浮水草本。
分布：梧州。
饲用价值：良。全株可作猪饲料。产量高、质量好。

犁头尖（土半夏、老鼠尾、犁头半夏、山慈菇、三步镖、三角蛇、坡芋）*Typhonium blumei* Nicolson & Sivadasan
［***Typhonium divaricatum***（L.）Decne.］

生境：田野、低湿地。
性状：多年生草本。
分布：合浦、全州。
饲用价值：中。叶可作猪、牛饲料。

浮萍科 Lemnaceae

浮萍（青萍、水萍、田萍）*Lemna minor* L.

生境：水塘、水田。

性状：多年生浮水草本。

分布：柳城、柳江区、鹿寨、融水、融安、三江、金城江区、罗城、宜州区、环江、东兰、巴马、凤山、南丹、天峨、都安、大化、兴安、全州、资源、龙胜、灵川、恭城、荔浦、平乐、灌阳、永福、田东、田阳区、平果、凌云、田林、西林、隆林、乐业、南宁、马山、合浦、上思、浦北、灵山、兴宾区、武宣、象州、忻城、金秀、合山、桂平、平南、富川、八步区、容县、北流、天等。

饲用价值：优。全草可作畜禽饲料。

红萍（紫萍）*Spirodela polyrrhiza*（L.）Schleid.

生境：水塘、水田。

性状：多年生浮水草本。

分布：柳城、柳江区、鹿寨、融水、融安、三江、金城江区、罗城、宜州区、环江、东兰、巴马、凤山、南丹、天峨、都安、大化、兴安、全州、资源、龙胜、灵川、恭城、荔浦、平乐、灌阳、永福、田东、田阳区、平果、凌云、田林、西林、隆林、乐业、南宁、马山、合浦、上思、浦北、灵山、兴宾区、武宣、象州、忻城、金秀、合山、桂平、平南、富川、八步区、容县、北流、天等。

饲用价值：优。全草可作畜禽饲料。

芜萍（无根萍、微萍）*Wolffia arrhiza*（L.）Wimmer（*Lemna arrhiza* L.）

生境：水塘、水田。

性状：浮水草本。

分布：南宁。

饲用价值：良。全草可作猪、幼鱼及禽类饲料。

香蒲科 Typhaceae

水蜡烛（水烛）*Typha angustifolia* Linn.

生境：淡水池沼。

性状：多年生草本。

分布：金秀。

饲用价值：中。根状茎、嫩叶可作猪饲料。

石蒜科 Amaryllidaceae

野薤（藠头）*Allium chinense* G. Don

（*Allium bakeri* Regel；*Caloscordum exsertum* Lindl.）

生境：栽培植物。

性状：多年生草本。

分布：梧州。

饲用价值：低。全株可作猪、牛饲料。

韭（韭菜、扁菜）*Allium tuberosum* Rottler ex Spreng.

生境：栽培植物。

性状：多年生草本。

分布：南宁。

饲用价值：良。全株可作猪饲料。

罗裙带（文殊兰、白花石蒜、水蕉）*Crinum asiaticum* var. *sinicum*（Roxb. ex Herb.）Baker

（*Crinum sinicum* Roxb. ex Herb.）

生境：栽培药用植物，或为野生。

性状：多年生大型草本。

分布：防城区。

饲用价值：劣。全株有小毒，含石蒜碱等。

石蒜（红花石蒜、独蒜）*Lycoris radiata*（L'Her.）Herb.

生境：山坡、石山、灌木丛、林下、水边、河堤等阴湿处，或为栽培植物。

性状：多年生草本。

分布：都安、凤山、象州。

饲用价值：劣。全株有毒，含石蒜碱等，鳞茎富含淀粉。去毒后可食。

百部科 Stemonaceae

对叶百部（大百部、大春根药、山百部根、九重根）*Stemona tuberosa* Lour.
（***Stemona acuta*** C. H. Wright）

生境：山坡、林下、路边、溪边。
性状：多年生攀缘草本。
分布：凤山。
饲用价值：劣。全株有小毒。

鸢尾科 Iridaceae

射干（扁蓄）*Belamcanda chinensis*（L.）Redouté
（***Ixia chinensis*** Linn.）

生境：山坡、路边、杂木林下、沟边、岩石边，或为栽培植物。
性状：多年生宿根草本。
分布：防城区、天峨、全州、兴安、灌阳、兴宾区、金秀、融水。
饲用价值：劣。全珠有小毒。

薯蓣科 Dioscoreaceae

大薯（参薯、地栗子、香芋、红牙芋）*Dioscorea alata* L.
［***Dioscorea purpurea*** Roxb.；***Dioscorea alata*** var. ***Purpurea***（Roxb.）A. Pouchet］

生境：栽培作物，或野生于山脚、山腰、溪边的微酸性黄壤或红壤上。
性状：缠绕藤本。
分布：马山。
饲用价值：中。幼嫩茎叶可作家畜饲料。块茎富含淀粉。

零余薯（黄独、黄药）*Dioscorea bulbifera* L.

生境：山谷、山坡、村边或路边的灌木丛。

性状：多年生缠绕藤本。

分布：马山、南宁。

饲用价值：低。幼嫩茎叶可作家畜饲料。块茎和叶腋珠芽富含淀粉，但有毒，含有薯蓣皂甙和薯蓣毒皂甙，去毒后才能食用。

山薯（土淮山）***Dioscorea fordii*** Prain et Burkill

生境：低山、丘陵、山坡、林中、路边。

性状：缠绕藤本。

分布：梧州。

饲用价值：中。幼嫩茎叶可作家畜饲料。块茎富含淀粉。

日本薯蓣（黄药、野山药、千担苕、土淮山、风车子、野白菇、千斤拔、山蝴蝶）***Dioscorea japonica*** Thunb.

（***Dioscorea kiangsiensis*** R. Knuth；***Dioscorea pseudo-japonica*** Hayata；***Dioscorea belophylloides*** Prain et Burkill）

生境：向阳山坡、山沟、路边、灌木丛、疏林下。

性状：多年生缠绕藤本。

分布：巴马、东兰。

饲用价值：良。幼嫩茎叶可作牛、羊饲料。块茎富含淀粉。

薯蓣（山药、淮山、山菇）***Dioscorea opposita*** Thunb.

（***Dioscorea batatas*** Decne.）

生境：山坡、林下、田野。

性状：缠绕藤本。

分布：南宁。

饲用价值：低。幼嫩茎叶可作家畜饲料。

褐苞薯蓣（广山药、山药）***Dioscorea persimilis*** Prain et Burkill

生境：山坡、草地、低湿地。

性状：缠绕藤本。

分布：都安。

饲用价值：良。牛、羊采食幼嫩茎叶。块茎富含淀粉，但有毒，去毒后才能食用。

龙舌兰科 Agavaceae

剑麻 ***Agave sisalana*** Perr. ex Engelm.

生境：栽培经济作物。
性状：多年生小乔木。
分布：南宁、北海、防城区、钦州。
饲用价值：低。经抽取纤维后的叶粕可作家畜饲料。

虎尾兰（老虎尾）***Sansevieria trifasciata*** Hort. ex Prain.
[***Sansevieria trifasciata*** Prain var. ***laurenii***（De Wildem.）N. E. Brown.]

生境：栽培花卉，或为野生。
性状：多年生无茎草本。
分布：防城区。
饲用价值：低。幼嫩植株可作猪饲料。

棕榈科 Palmae

矮桄榔（散尾棕、山棕）***Arenga engleri*** Becc.

生境：山地、阴湿阔叶林。
性状：丛生矮小灌木。
分布：北海。
饲用价值：劣。

山藤（华南省藤、棕藤、手杖藤）***Calamus rhabdocladus*** Burret

生境：山坡、密林。
性状：藤本。
分布：灌阳、兴安、荔浦、平乐。
饲用价值：低。幼嫩茎叶可作牛、羊饲料。

露兜树科 Pandanaceae

露兜树（山菠萝、露蔸树、假菠萝、露蔸簕、华露兜、假菠萝、野菠萝）***Pandanus tectorius*** Sol.

生境：海岸、河边。

性状：小乔木。

分布：防城区、北海。

饲用价值：低。幼嫩茎叶可作猪、牛饲料。老时有害。

仙茅科（小金梅科） Hypoxidaceae

仙茅（独脚仙茅、地棕、山党参、芽瓜子、婆罗门参、海南参、仙茅参、独茅）***Curculigo orchioides*** Gaertn.

（***Curculigo orchioides*** var. ***minor*** Benth.）

生境：山坡、林下、草地。

性状：多年生草本。

分布：南宁、防城区、北流、融水、武宣、金秀、兴宾区、东兰。

饲用价值：中。嫩叶可作牛、羊饲料。块根有小毒。

蛛丝草科（蒟蒻薯科） Taccaceae

水田七（水萝卜、屈头鸡、水滨榔、裂果薯、水狗仔）***Schizocapsa plantaginea*** Hance

[***Tacca plantaginea***（Hance）Drenth]

生境：水边潮湿处。

性状：多年生草本。

分布：南丹、环江、武宣。

饲用价值：中。幼嫩茎叶可作猪、牛饲料。

箭根薯（大水田七）*Tacca chantrieri* Andre

（***Tacca minor*** Ridl.；***Clerodendron esquirolii*** Levl.；***Schizocapsa itagakii*** Yammamoto）

生境：水边、林下、山谷阴湿处。

性状：多年生草本。根状茎粗壮，近圆柱形。

分布：环江。

饲用价值：中。花果期 4 ～ 11 月。幼嫩茎叶可作猪、牛饲料。也可以作观赏、药用植物，在园林中可用于庭院、路边、池畔的绿化。

兰 科 Orchidaceae

竹叶兰（竹兰）*Arundina graminifolia*（D. Don）Hochr.

（***Arundina chinensis*** Blume.）

生境：湿润草丛、溪涧边。

性状：多年生直立草本。

分布：宜州区。

饲用价值：良。幼嫩植株可作牛、羊饲料。

麦斛（石仙桃）*Bulbophyllum inconspicuum* Maxim.

生境：常附生于林中树干上或阴湿沟谷岩石上。

性状：多年生常绿附生草本。

分布：融水。

饲用价值：低。幼嫩茎叶可作羊饲料。

棒距虾脊兰 *Calanthe clavata* Lindl.

生境：山坡、林下。

性状：多年生草本。

分布：北海。

饲用价值：低。幼嫩茎叶可作猪、牛饲料。

红花隔距兰（圆叶蜂兰、圆叶吊兰、光棍草、长隔距兰、马尾吊兰）*Cleisostoma williamsonii*（Rchb. F.）Garay

（***Sarcanthus elongatus*** Rolfe）

生境：喜附生于乔木的树干或枝上。

性状：多年生附生草本。

分布：龙胜。

饲用价值：低。幼嫩茎叶可作牛、羊饲料。

墨兰（春兰、报春兰、半岁兰）*Cymbidium sinense*（Jackson ex Andr.）Willd.

生境：山坡、林下、溪边。

性状：多年生草本。

分布：浦北。

饲用价值：低。幼嫩茎叶可作猪、牛饲料。

石斛（扁钗石斛、金钗兰）*Dendrobium nobile* Lindl.

生境：附生于森林中的树干上或岩石上。

性状：多年生附生草本。

分布：浦北。

饲用价值：低。花期 4 ～ 5 月。幼嫩植株可作牛、羊饲料。

铁皮石斛 *Dendrobium officinale* Kimura et Migo（*Dendrobium candidum* auct. non Lindl.）

生境：山地阴湿处的岩石缝中。

性状：多年生草本。圆柱形，长 9 ～ 35 cm，粗 2 ～ 4 mm，不分枝，具多节。

分布：天峨等。

饲用价值：低。花期 3 ～ 6 月。幼嫩植株可作牛、羊饲料。

盘蛇莲（斑叶兰、小叶青）*Goodyera schlechtendaliana* Rchb. f.

生境：山谷、山坡、林下阴湿处、多腐殖质的土地上。

性状：多年生草本。

分布：兴安。

饲用价值：低。幼嫩茎叶可作猪、牛饲料。

橙黄玉凤花（红玉凤花、双春兰）*Habenaria rhodocheila* Hance

生境：低中山、丘陵、林下阴处、山谷石缝中。

性状：多年生草本。高 8 ～ 35 cm。

分布：浦北。

饲用价值：低。幼嫩茎叶可作牛、羊饲料。

龙头兰（鹅毛玉凤花、白蝶花）*Pecteilis susannae*（L.）Rafin.

生境：空旷山坡。

性状：多年生草本。

分布：东兰。

饲用价值：中。幼嫩茎叶可作牛、羊饲料。

石仙桃（石橄榄）*Pholidota chinensis* Lindl.

[***Coelogyne chinensis***（Lindl.）Rchb. f.; ***Pholidota chinensis*** var. ***cylindracea*** T. Tang et F. T. Wang]

生境：山沟石缝中，或附生于树上。

性状：多年生草本。

分布：防城区。

饲用价值：低。幼嫩茎叶可作牛、羊饲料。

日本长距兰 *Platanthera japonica*（Thunb. ex Marray）Lindl.

生境：潮湿处。

性状：多年生草本。

分布：巴马、东兰。

饲用价值：中。幼嫩茎叶可作牛、羊饲料。

盘龙参（绶草）*Spiranthes sinensis*（Pers.）Ames

生境：山坡、林下、灌木丛、草地。

性状：多年生草本。高 15 ～ 50 cm。根指状，肉质。

分布：环江。

饲用价值：低。花期 7 ～ 8 月。幼嫩茎叶可作牛、羊饲料。

灯心草科 Juncaceae

灯心草（灯芯草）*Juncus effusus* Linn.

[***Juncus effusus*** Linn. var. ***decipiens*** Buchen.; ***Juncus decipiens***（Buch.）Nakai]

生境：水边等潮湿处。

性状：多年生草本。

分布：象州、融水、金城江区、南丹。

饲用价值：中。幼嫩植株可作牛饲料。

蕨藓科 Pterobryaceae

树形蕨藓 *Pterobryon arbuscula* Mitt.

生境：低中山山坡、林下、满披树干上、腐木上。

性状：多年生草本。

分布：梧州。

饲用价值：劣。

石松科 Lycopodiaceae

铺地蜈蚣（松筋草、猫儿草、小伸筋草、收鸡草、垂穗石松）*Lycopodium cernuum* L.

［***Palhinhaea cernua***（L.）Vasc. et Franco；***Lycopodium cernnum*** L.；***Lepidotis cernua***（L.）P. Beauv.］

生境：山坡、草丛。

性状：多年生草本。

分布：柳城、柳江区、鹿寨、融水、融安、三江、金城江区、罗城、宜州区、环江、东兰、巴马、凤山、南丹、天峨、都安、大化、兴安、全州、资源、龙胜、灵川、恭城、荔浦、平乐、灌阳、永福、田东、田阳区、平果、凌云、田林、西林、隆林、乐业、德保、南宁、马山、合浦、上思、浦北、灵山、兴宾区、武宣、象州、忻城、金秀、合山、桂平、平南、港北区、富川、八步区、容县、博白、北流、天等、宁明等。

饲用价值：低。

地刷子石松（扁枝石松）*Lycopodium complanatum* L.

［***Diphasiastrum complanatum***（L.）Holub］

生境：低中山或丘陵的疏林下和阴坡。

性状：匍匐草本。

分布：象州。

饲用价值：低。幼嫩植株可作山羊饲料。

石松（伸筋草、大金鸡草、过山龙、舒筋草）*Lycopodium japonicum* Thunb. ex Murray
（*Lycopodium clavatum* L.）

生境：山坡草丛。
性状：多年生草本。
分布：防城区。
饲用价值：劣。

卷柏科 Selaginellaceae

蔓出卷柏 *Selaginella davidii* Franch.
（*Selaginella gebaueriana* Hand.-Mazz.）

生境：山坡、林下、石灰岩洞口或洞内。
性状：多年生草本。
分布：灵山。
饲用价值：低。幼嫩茎叶可作羊饲料。

深绿卷柏（地侧柏、石上柏、梭罗草）*Selaginella doederleinii* Hieron.

生境：山地阴湿处、林下。
性状：多年生草本。
分布：忻城、天峨、上思。
饲用价值：低。幼嫩茎叶可作牛、羊饲料。

兖州卷柏（金不换、地侧柏、细叶金鸡尾、凤凰尾）*Selaginella involvens*（Sw.）Spring
（*Selaginella warburgii* Hieron.；*Lycopodium involvens* Sw.）

生境：山坡岩石缝中。
性状：多年生草本。
分布：东兰。
饲用价值：低。幼嫩时可作山羊饲料。

卷柏（九死还魂草、见水还、还魂草）*Selaginella tamariscina* （P. Beauv.）Spring

生境：低山、丘陵、干旱岩石缝中。

性状：多年生直立草本。

分布：南宁、全州、灵山。

饲用价值：低。幼嫩茎叶可作羊饲料。

翠云草（虱子草、金光珊瑚蕨、情人草、珊瑚蕨、蓝地柏、铁皮青、地柏叶）*Selaginella uncinata* （Desv.）Spring

［***Lycopodioides uncinata*** （Desv.）Kuntze；***Lycopodium uncinatum*** Desv.；***Selaginella eurystachya*** Warb.］

生境：低山、丘陵、干旱岩石缝中、溪边阴湿杂草中、岩洞内、湿石上。

性状：多年生草本。茎伏地蔓生。

分布：河池。

饲用价值：低。幼嫩茎叶可作羊饲料。

木贼科 Equisetaceae

木贼（锉草、节节草、笔头草、笔筒草、千峰草）*Equisetum hyemale* L.

生境：湿地、林下。

性状：多年生草本。

分布：南宁、融水、环江、宜州区、天峨、巴马、凤山、灌阳。

饲用价值：中。幼嫩植株可作猪、牛、马饲料，但有毒，饲喂量不宜过多。

纤弱木贼（笔管草、笔筒草、木贼）*Equisetum ramosissimum* subsp. ***debile*** （Roxb. ex Vauch.）Hauke

生境：山坡、林下、河流或溪涧两岸、山沟湿润处。

性状：多年生草本。

分布：南宁、马山、东兰、环江、南丹、宜州区、天峨、田林、融水、三江。

饲用价值：中。幼嫩茎叶可作牛、羊饲料。

阴地蕨科 Botrychiaceae

阴地蕨（一朵云、鸭脚细辛）*Botrychium ternatum* (Thunb.) Sw.

生境：阴湿处、山坡灌木丛阴处。

性状：多年生草本。

分布：全州、平乐。

饲用价值：中。幼嫩茎叶可作牛、羊饲料。

海金沙科 Lygodiaceae

海金沙（塘头顾、金沙蕨、铁线藤）*Lygodium japonicum* (Thunb.) Sw.

生境：山坡、林下、庭园边。

性状：多年生攀缘草本。

分布：柳城、柳江区、鹿寨、融水、融安、三江、金城江区、罗城、宜州区、环江、东兰、巴马、凤山、南丹、天峨、都安、大化、兴安、全州、资源、龙胜、灵川、恭城、荔浦、平乐、灌阳、永福、田东、田阳区、平果、凌云、田林、西林、隆林、乐业、德保、南宁、马山、合浦、上思、浦北、灵山、兴宾区、武宣、象州、忻城、金秀、合山、桂平、平南、港北区、富川、八步区、容县、博白、北流、天等、宁明等。

饲用价值：良。幼嫩茎叶可作牛、羊饲料。

小叶海金沙（扫把藤、斑鸿窝）*Lygodium microphyllum* (Cavanilles) R. Brown

[***Lygodium scandens*** (Linn.) Sw.]

生境：灌木丛。

性状：多年生攀缘草本。

分布：南宁、东兰、巴马、金城江区、宜州区。

饲用价值：中。幼嫩茎叶可作牛、羊饲料。

里白科 Gleicheniaceae

大芒萁 *Dicranopteris ampla* Ching et Chiu

生境：低山、丘陵、林下、灌木丛。

性状：多年生草本。

分布：河池。

饲用价值：低。嫩苗可作山羊饲料。

芒萁（铁芒萁、芒萁骨、蕨萁、萌萁）*Dicranopteris pedata* （Houttuyn） Nakaike

［***Dicranopteris dichotoma***（Thunb.）Bernh.；***Dicranopteris linearis***（Burm.） Underw.］

生境：林下、山坡、酸性土壤上。

性状：多年生草本。

分布：柳城、柳江区、鹿寨、融水、融安、三江、金城江区、罗城、宜州区、环江、东兰、巴马、凤山、南丹、天峨、都安、大化、兴安、全州、资源、龙胜、灵川、恭城、荔浦、平乐、灌阳、永福、田东、田阳区、平果、凌云、田林、西林、隆林、乐业、德保、南宁、马山、合浦、上思、浦北、灵山、兴宾区、武宣、象州、忻城、金秀、合山、桂平、平南、港北区、富川、八步区、容县、博白、北流、天等、宁明等。

饲用价值：中。幼嫩芽苗可作牛、羊饲料。

膜蕨科 Hymenophyllaceae

小果路蕨 *Mecodium microsorum*（v. D. B）Ching

（***Hymenophyllum microsorum*** Bosch）

生境：低中山和丘陵的密林下或阴湿石上。

性状：多年生草本。

分布：河池。

饲用价值：劣。

蚌壳蕨科 Dicksoniaceae

金狗毛（黄狗头、金毛狗脊）*Cibotium barometz* （L.）J. Smith

生境：山脚、沟边、林下等阴湿处。

性状：多年生草本。

分布：凤山、防城区。

饲用价值：低。嫩叶可作山羊饲料。

稀子蕨科 Monachosoraceae

稀子蕨 *Monachosorum henryi* Christ

生境：沟谷密林下。

性状：多年生草本。

分布：浦北。

饲用价值：中。幼嫩植株可作牛、羊饲料。

鳞始蕨科 Lindsaeaceae

乌蕨（大金花草、乌韭）*Odontosoria chinensis* J. Sm.
（***Sphenomeris chusana*** Copel.；***Stenoloma chusanum*** Ching）

生境：路边、溪边、山脚阴湿处。

性状：多年生草本。

分布：南丹、天峨、金城江区、都安、巴马、防城区、灵山、融水、忻城。

饲用价值：低。幼嫩植株可作牛、羊饲料。

骨碎补科 Davalliaceae

肾蕨（天鹅抱蛋、犸卵、凤凰蛋）*Nephrolepis cordifolia* （L.）Presl.

生境：石山、石窝、林下、溪边。

性状：附生或土生植物。

分布：天峨。

饲用价值：中。幼嫩植株可作牛、羊饲料。

凤尾蕨科 Pteridaceae

蕨（蕨菜、猴腿）*Pteridium aquilinum*（L.）Kuhn var. *latiusculum*（Desv.）Underw. ex Heller

生境：低中山、丘陵、林边、荒坡。

性状：多年生草本。

分布：鹿寨、融水、融安、三江、金城江区、罗城、宜州区、环江、东兰、巴马、凤山、南丹、天峨、都安、大化、兴安、全州、资源、龙胜、灵川、恭城、荔浦、平乐、灌阳、永福、田东、田阳区、凌云、田林、西林、隆林、乐业、上思、浦北、灵山、兴宾区、武宣、象州、忻城、金秀、合山、马山、富川、八步区、天等。

饲用价值：良。嫩叶可作猪、牛饲料。

欧洲凤尾蕨（井口边草、凤尾蕨）*Pteris cretica* L.
［***Pteris nervosa*** Thunb.；***Pteris cretica*** var. ***nervosa***（Thunb.）Ching et S. H. Wu］

生境：石灰岩缝中、林下。

性状：多年生草本。

分布：马山、钦州。

饲用价值：低。嫩苗可作牛、羊饲料。

剑叶凤尾蕨（井边茜、三叉草）*Pteris ensiformis* Burm.

生境：低山和丘陵的溪边或林下。

性状：多年生草本。高可达 50 cm。

分布：三江。

饲用价值：低。嫩苗可作牛、羊饲料。

长叶甘草蕨 *Pteris longifolia* L.

生境：阴湿石缝中，或栽培作观赏植物。

性状：多年生草本。

分布：都安。

饲用价值：低。嫩苗可作牛、羊饲料。

凤尾草（青岁、阏鸡尾、井边茜）*Pteris multifida* Poir.

生境：墙上、路边、石缝中。
性状：多年生草本。
分布：鹿寨、融安、三江、融水、象州、忻城、金城江区、天峨、防城区、灵山。
饲用价值：低。嫩苗可作牛、羊饲料。

半边旗（半边蕨、半边梳）*Pteris semipinnata* L.

生境：溪边、林下、墙上阴处。
性状：多年生草本。
分布：防城区、南丹。
饲用价值：低。嫩苗可作牛、羊饲料。

铁线蕨科 Adiantaceae

扇形铁线蕨（水猪毛七）*Adiantum capillus-veneris* L.

生境：低中山、丘陵、山坡。
性状：多年生草本。
分布：灵山。
饲用价值：低。幼嫩植株可作牛、羊饲料。

扇叶铁线蕨（黑骨芒箕、铁线蕨、过江龙、黑脚蕨）*Adiantum flabellulatum* L.

生境：低山和丘陵阳光充足的酸性土壤上。
性状：多年生草本。
分布：东兰、环江、三江。
饲用价值：低。幼嫩植株可作牛、羊饲料。

水蕨科 Ceratopteridaceae

水蕨（水松草）*Ceratopteris thalictroides*（L.）Brongn.

生境：池塘、水田、水沟。

性状：一年生水生草本。

分布：南宁。

饲用价值：良。幼嫩植株可作猪、牛饲料。

蹄盖蕨科 Athyriaceae

单叶对囊蕨（单叶双盖蕨、水箭）*Deparia lancea*（Thunberg）Fraser-Jenkins
[***Diplazium subsinuatum***（Wall. ex Hook. et Grev.）Tagawa ; ***Diplazium lanceum***（Thunb.）Presl.]

生境：山坡草地、林下。

性状：多年生草本。

分布：东兰。

饲用价值：低。嫩苗可作山羊饲料。

毛柄双盖蕨（膨大短肠蕨、毛柄短肠蕨）*Diplazium dilatatum* Blume
[***Allantodia dilatata***（Bl.）Ching]

生境：河谷、丘陵、林下。

性状：多年生草本。常绿大型林下植物。根状茎横走或横卧至斜升或直立。

分布：环江、百色。

饲用价值：低。嫩苗可作山羊饲料。

金星蕨科 Thelypteridaceae

渐尖毛蕨（尖羽毛蕨）*Cyclosorus acuminatus*（Houtt.）Nakai

生境：低山、丘陵、田边、路边、山谷。

性状：多年生草本。

分布：巴马。

饲用价值：低。嫩苗可作山羊饲料。

干旱毛蕨 *Cyclosorus aridus*（Don）Tagawa

生境：低山和丘陵的疏林下、河边草地。

性状：多年生草本。
分布：都安。
饲用价值：低。幼嫩植株可作山羊饲料。

华南毛蕨（金星草）*Cyclosorus parasiticus*（L.）Farw.（*Polypodium parasiticum* L.）

生境：疏林下、河边草地。
性状：多年生草本。
分布：忻城。
饲用价值：低。幼嫩植株可作山羊饲料。

单叶新月蕨 *Pronephrium simplex*（Hook.）Holtt.

生境：低山、丘陵、溪边、林下。
性状：多年生草本。
分布：浦北。
饲用价值：低。幼嫩植株可作山羊饲料。

乌毛蕨科 Blechnaceae

乌毛蕨（龙船蕨、赤蕨头）*Blechnum orientale* Linn.

生境：低山和丘陵的灌木丛、溪边。
性状：多年生草本。
分布：环江、东兰、防城区、浦北、灵山。
饲用价值：低。幼嫩植株可作山羊饲料。

狗脊（狗脊蕨、贯仲、乌毛蕨）*Woodwardia japonica*（L. f.）Sm.

生境：疏林下、酸性土壤上。
性状：多年生草本。
分布：南宁。
饲用价值：低。幼嫩植株可作山羊饲料。

鳞毛蕨科 Dryopteridaceae

贯众（小金鸡尾、黑狗脊、贯节）*Cyrtomium fortunei* J. Sm.

生境：石灰岩缝中、路边、墙缝中。

性状：多年生草本。

分布：桂林。

饲用价值：低。山羊微食幼嫩植株。

藤蕨科 Lomariopsidaceae

刺蕨（圆齿刺蕨）*Bolbitis appendiculata*（Willdenow）K. Iwatsuki
［***Egenolfia appendiculata***（Willd.）J. Sm.］

生境：山谷、林下、村边、岩石缝中。

性状：多年生草本。

分布：浦北。

饲用价值：劣。

水龙骨科 Polypodiaceae

槲蕨（骨碎补）*Drynaria roosii* Nakaike
［***Drynaria fortunei***（Kunze ex Mettenius）J. Smith］

生境：石壁、树上。

性状：多年生附生植物。

分布：东兰、天峨。

饲用价值：低。嫩苗可作山羊饲料。

骨牌蕨（金锁匙、上树咳、骨牌草）*Lemmaphyllum rostratum*（Beddome）Tagawa

［***Lepidogrammitis rostrata***（Bedd.）Ching；***Lepidogrammitis subrostrata***（C. Chr.）Ching］

生境：低中山、丘陵、山坡，或附生于树干上、岩石上。
性状：多年生小草本。
分布：浦北。
饲用价值：劣。

江南星蕨（大叶骨牌草、七星剑）*Neolepisorus fortunei*（T. Moore）Li Wang
［*Microsorum fortunei*（T. Moore）Ching］

生境：林下、岩石缝中。
性状：多年生草本。
分布：南丹、兴宾区、武宣、融水。
饲用价值：劣。

相近石韦（浅裂相异石韦）*Pyrrosia assimilis*（Baker）Ching
［*Pyrrosia dimorpha*（Copel.）Parris；*Polypodium assimile* Baker］

生境：山坡岩石缝中。
性状：多年生草本。
分布：都安。
饲用价值：低。嫩苗可作山羊饲料。

石韦（石剑箬、金背茶匙）*Pyrrosia lingua*（Thunb.）Farw.

生境：低中山、丘陵、山坡，或附生于树干上、岩石上。
性状：多年生附生草本。
分布：隆安、融水、浦北、灵山。
饲用价值：低。幼嫩茎叶可作牛饲料。

金鸡脚假瘤蕨（金鸡脚、三叉蕨、鸭掌金星草、鸭脚草、三角风）*Selliguea hastata*（Thunb.）Fraser-Jenkins
［*Phymatopsis hastata*（Thunb.）H. Ito］

生境：林中、沟边石缝中潮湿处。
性状：多年生草本。
分布：兴安。
饲用价值：低。嫩叶可作牛饲料。

苹 科 Marsileaceae

苹（田字草、破铜钱、四叶菜、田字萍）*Marsilea quadrifolia* L. Sp.

生境：水田、沟塘。

性状：多年生草本。高 5 ～ 20 cm。

分布：武宣、金城江区。

饲用价值：良。幼嫩植株可作猪饲料。

松 科 Pinaceae

马尾松（骨松、松树、山松）*Pinus massoniana* Lamb.

生境：山坡干燥的沙砾地、旷野荒地。

性状：常绿乔木。

分布：柳城、柳江区、鹿寨、融水、融安、三江、金城江区、罗城、宜州区、环江、东兰、巴马、凤山、南丹、天峨、都安、大化、兴安、全州、资源、龙胜、灵川、恭城、荔浦、平乐、灌阳、永福、田东、田阳区、平果、凌云、田林、西林、隆林、乐业、德保、南宁、马山、合浦、上思、浦北、灵山、兴宾区、武宣、象州、忻城、金秀、合山、桂平、平南、港北区、富川、八步区、容县、博白、北流、天等、宁明等。

饲用价值：中。鲜叶适口性低。松叶可粉碎作猪、鸡饲料。草粉适口性中。

柏 科 Cupressaceae

侧柏（扁柏、扁桧、香柏、黄柏）*Platycladus orientalis*（L.）Franco [*Biota orientalis*（L.）Endl.]

生境：栽培绿化树种。

性状：常绿小乔木。

分布：防城区。

饲用价值：劣。

参考文献

[1] 陈默君，贾慎修 . 中国饲用植物 [M]. 北京：中国农业出版社，2002.

[2] 陈山，刘起，刘亮，等 . 中国草地饲用植物资源 [M]. 沈阳：辽宁民族出版社，1994.

[3] 陈耀东 . 中国水生植物 [M]. 郑州：河南科学技术出版社，2012.

[4] 广西壮族自治区、中国科学院广西植物研究所 . 广西植物志（第一卷 种子植物）[M]. 南宁：广西科学技术出版社，1991.

[5] 广西壮族自治区、中国科学院广西植物研究所 . 广西植物志（第二卷 种子植物）[M]. 南宁：广西科学技术出版社，2005.

[6] 广西壮族自治区、中国科学院广西植物研究所 . 广西植物志（第三卷 种子植物）[M]. 南宁：广西科学技术出版社，2011.

[7] 广西壮族自治区、中国科学院广西植物研究所 . 广西植物志（第四卷 种子植物）[M]. 南宁：广西科学技术出版社，2017.

[8] 广西壮族自治区、中国科学院广西植物研究所 . 广西植物志（第五卷 单子叶植物）[M]. 南宁：广西科学技术出版社，2016.

[9] 广西壮族自治区、中国科学院广西植物研究所 . 广西植物志（第六卷 蕨类植物）[M]. 南宁：广西科学技术出版社，2013.

[10] 广西壮族自治区林业科学研究院 . 广西树木志（第一卷）[M]. 北京：中国林业出版社，2012.

[11] 广西壮族自治区水土保持委员会 . 水土保持植物 [M]. 南宁：广西人民出版社，1959.

[12] 贵州省畜牧兽医科学研究所、贵州省农业厅畜牧局 . 贵州主要野生牧草图谱 [M]. 贵阳：贵州人民出版社，1986.

[13] 候宽昭 . 广州植物志 [M]. 北京：科学出版社，1956.

[14] 赖志强，姚娜，易显凤，等 . 优质牧草栽培与利用 [M]. 南宁：广西科学技术出版社，2017.

[15] 赖志强，易显凤，蔡小艳，等 . 广西饲用植物志（第 I 卷）[M]. 南宁：广西科学技术出版社，2010.

[16] 刘国道 . 海南饲用植物志 [M]. 北京：中国农业大学出版社，2000.

[17] 莫熙穆，陈定如，陈章和 . 广东饲用植物 [M]. 广州：广东科技出版社，1993.

[18] 南京大学生物学系，中国科学院植物研究所 . 中国主要植物图说 禾本科 [M]. 北京：科学出版社，1959.

[19] 王栋 . 牧草学各论 [M]. 南京：江苏科学技术出版社，1989.

[20] 韦三立 . 水生花卉 [M]. 北京：中国农业出版社，2004.

[21] 贠旭疆 . 中国主要优良栽培草种图鉴 [M]. 北京：中国农业出版社，2008.

[22] 章绍尧，丁炳扬 . 浙江植物志［M］. 杭州：浙江科学技术出版社，1993.
[23] 中国科学院《中国植物志》编辑委员会 . 中国植物志［M］. 北京：科学出版社，2013.
[24] 中国科学院华南植物研究所 . 海南植物志［M］. 北京：科学出版社，1965.
[25] 中国科学院江西分院 . 江西植物志［M］. 南昌：江西人民出版社，1960.
[26] 中国科学院植物研究所 . 中国高等植物图鉴（第一册）［M］. 北京：科学出版社，1972.
[27] 中国科学院植物研究所 . 中国高等植物图鉴（第二册）［M］. 北京：科学出版社，1972.
[28] 中国科学院植物研究所 . 中国高等植物图鉴（第三册）［M］. 北京：科学出版社，1974.
[29] 中国科学院植物研究所 . 中国高等植物图鉴（第四册）［M］. 北京：科学出版社，1975.
[30] 中国科学院植物研究所 . 中国高等植物图鉴（第五册）［M］. 北京：科学出版社，1976.
[31] 中国科学院植物研究所 . 中国高等植物图鉴（补编第一册）［M］. 北京：科学出版社，1982.
[32] 中国科学院植物研究所 . 中国高等植物图鉴（补编第二册）［M］. 北京：科学出版社，1983.
[33] 中国科学院植物研究所 . 中国主要植物图说 豆科［M］. 北京：科学出版社，1955.
[34] 中华人民共和国商业部土产废品局 . 中国经济植物志［M］. 北京：科学出版社，1961.

附录

有毒植物名录

豆科 Leguminosae

相思子 *Abrus precatorius* L.

广州相思子 *Abrus pulchellus* subsp. *cantoniensis*（Hance）Verdcourt

厚果崖豆藤 *Millettia pachycarpa* Benth.

蓼科 Polygonaceae

水蓼 *Polygonum hydropiper* L.

菊科 Compositae

山黄菊 *Anisopappus chinensis*（L.）Hook. et Arn.

苍耳 *Xanthium strumarium* L.

大戟科 Euphorbiaceae

巴豆 *Croton tiglium* L.

飞扬草 *Euphorbia hirta* L.

金刚纂 *Euphorbia neriifolia* L.

石岩枫 *Mallotus repandus*（Willd.）Muell. Arg.

番荔枝科 Annonaceae

假鹰爪 *Desmos chinensis* Lour.

毛茛科 Ranunculaceae

威灵仙 *Clematis chinensis* Osbeck

小檗科 Berberidaceae

八角莲 *Dysosma versipellis*（Hance）M. Cheng ex Ying

防己科 Menispermaceae

粉防己 *Stephania tetrandra* S. Moore

马兜铃科 **Aristolochiaceae**

通城虎 *Aristolochia fordiana* Hemsl.

三白草科 **Saururaceae**

鱼腥草 *Houttuynia cordata* Thunb.

金粟兰科 **Chloranthaceae**

四块瓦 *Chloranthus holostegius*（Hand.-Mazz.）Pei et Shan

罂粟科 **Papaveraceae**

博落回 *Macleaya cordata*（Willd.）R. Br.

山柑科（白花菜科）**Capparidaceae**

白花菜 *Gynandropsis gynandra*（Linnaeus）Briquet

萝摩科 **Asclepiadaceae**

娃儿藤 *Tylophora ovata*（Lindl.）Hook. ex Steud.

蓝雪科（白花丹科）**Plumbaginaceae**

白雪花 *Plumbago zeylanica* L.

茄科 **Solanaceae**

颠茄 *Atropa belladonna* L.
白花曼陀罗 *Datura metel* L.
曼陀罗 *Datura stramonium* L.
牛茄子 *Solanum capsicoides* Allioni
龙葵 *Solanum nigrum* L.
野茄 *Solanum undatum* Lamarck
刺天茄 *Solanum violaceum* Ortega

玄参科 **Scrophulariaceae**

水八角 *Limnophila rugosa*（Roth）Merr.

马鞭草科 **Verbenaceae**

臭牡丹 *Clerodendrum bungei* Steud.
假茉莉 *Clerodendrum inerme*（L.）Gaertn.

百合科 **Liliaceae**

芦荟 *Aloe vera*（L.）Burm. f.

七叶一枝花科（延龄草科）Trilliaceae

七叶一枝花 *Paris polyphylla* Smith

商陆科 Phytolaccaceae

商陆 *Phytolacca acinosa* Roxb.

藜科 Chenopodiaceae

土荆芥 *Dysphania ambrosioides*（L.）Mosyakin et Clemants

凤仙花科 Balsaminaceae

凤仙花 *Impatiens balsamina* L.

瑞香科 Thymelaeaceae

了哥王 *Wikstroemia indica*（L.）C. A. Mey.

马桑科 Coriariaceae

马桑 *Coriaria nepalensis* Wall.

葫芦科 Cucurbitaceae

木鳖 *Momordica cochinchinensis*（Lour.）Spreng.

鼠李科 Rhamnaceae

苦李根 *Rhamnus crenata* S. et Z.

葡萄科 Vitaceae

掌叶白粉藤 *Cissus triloba*（Lour.）Merr.

芸香科 Rutaceae

茶辣 *Evodia rutaecarpa*（Juss.）Benth.

楝科 Meliaceae

苦楝 *Melia azedarach* L.

无患子科 Sapindaceae

无患子 *Sapindus mukorossi* Gaertn.

漆树科 Anacardiaceae

漆 *Toxicodendron vernicifluum*（Stokes）F. A. Barkl.

胡桃科 **Juglandaceae**

黄杞 *Engelhardia roxburghiana* Wall.

马钱科 **Loganiaceae**

醉鱼草 *Buddleja lindleyana* Fortune
断肠草 *Gelsemium elegans*（Gardn. et Champ.）Benth.

夹竹桃科 **Apocynaceae**

夹竹桃 *Nerium oleander* L.
羊角拗 *Strophanthus divaricatus*（Lour.）Hook. et Arn.
络石 *Trachelospermum jasminoides*（Lindl.）Lem.
杜仲藤 *Urceola micrantha*（Wall. ex G. Don）D. J. Midd.

天南星科 **Araceae**

卜芥 *Alocasia cucullata*（Lour.）Schott
海芋 *Alocasia odora*（Roxb.）K. Koch
一把伞南星 *Arisaema erubescens*（Wall.）Schott
刺芋 *Lasia spinosa*（L.）Thwait.
心叶半夏 *Pinellia cordata* N. E. Brown
半夏 *Pinellia ternata*（Thunb.）Breit.

石蒜科 **Amaryllidaceae**

罗裙带 *Crinum asiaticum* var. *sinicum*（Roxb. ex Herb.）Baker
石蒜 *Lycoris radiata*（L'Her.）Herb.

百部科 **Stemonaceae**

对叶百部 *Stemona tuberosa* Lour.

鸢尾科 **Iridaceae**

射干 *Belamcanda chinensis*（L.）Redouté

薯蓣科 **Dioscoreaceae**

零余薯 *Dioscorea bulbifera* L.
褐苞薯蓣 *Dioscorea persimilis* Prain et Burkill

仙茅科（小金梅科）**Hypoxidaceae**

仙茅 *Curculigo orchioides* Gaertn.

木贼科 Equisetaceae

木贼 *Equisetum hyemale* L.

有害植物名录

禾本科 Gramineae

黄茅 *Heteropogon contortus*（L.）P. Beauv. ex Roem. et Schult.

豆科 Leguminosae

喙荚云实 *Caesalpinia minax* Hance

苏木 *Caesalpinia sappan* L.

刺桐 *Erythrina variegata* L.

菊科 Compositae

破坏草 *Ageratina adenophora*（Spreng.）R. M. King et H. Rob.

婆婆针 *Bidens bipinnata* L.

鬼针草 *Bidens pilosa* L.

飞机草 *Chromolaena odorata*（Linnaeus）R. M. King & H. Robinson

大蓟 *Cirsium japonicum* Fisch. ex DC.

小蓬草 *Conyza canadensis*（L.）Cronq.

蓼科 Polygonaceaeceae

虎杖 *Reynoutria japonica* Houtt.

苋科 Amaranthaceae

土牛膝 *Achyranthes aspera* L.

刺苋 *Amaranthus spinosus* L.

大风子科 Flacourtiaceae

柞木 *Xylosma congesta*（Lour.）Merr.

仙人掌科 Cactaceae

仙人掌 *Opuntia stricta* var. *dillenii*（Ker-Gawl.）Benson

桑科 Moraceae

构棘 *Maclura cochinchinensis*（Lour.）Corner

蔷薇科 **Rosacoae**

野山楂 *Crataegus cuneata* S. et Z.

蛇莓 *Duchesnea indica*（Andr.）Focke

小果蔷薇 *Rosa cymosa* Tratt.

金樱子 *Rosa laevigata* Michx.

野蔷薇 *Rosa multiflora* Thunb.

粗叶悬钩子 *Rubus alceifolius* Poiret

山莓 *Rubus corchorifolius* L. f.

茅莓 *Rubus parvifolius* L.

小檗科 **Berberidaceae**

阔叶十大功劳 *Mahonia bealei*（Fort.）Carr.

芸香科 **Rutaceae**

柠檬 *Citrus limon*（L.）Burm. f.

飞龙掌血 *Toddalia asiatica*（L.）Lam.

竹叶椒 *Zanthoxylum armatum* DC.

簕欓花椒 *Zanthoxylum avicennae*（Lam.）DC.

两面针 *Zanthoxylum nitidum*（Roxb.）DC.

五加科 **Araliaceae**

广东楤木 *Aralia armata*（Wall.）Seem.

细柱五加 *Eleutherococcus nodiflorus*（Dunn）S. Y. Hu

白簕 *Eleutherococcus trifoliatus*（Linn.）S. Y. Hu

刺楸 *Kalopanax septemlobus*（Thunb.）Koidz.

海桐花科 **Pittosporaceae**

光叶海桐 *Pittosporum glabratum* Lindl.

菝葜科 **Smilacaceae**

菝葜 *Smilax china* Linn.

露兜树科 **Pandanaceae**

露兜树 *Pandanus tectorius* Sol.

雨久花科 **Pontederiaceae**

水葫芦 *Eichhornia crassipes*（Mart.）Solms

中文名索引

D

E

F

G

H

K

L

M

T

Y

Z

拉丁名索引

A

B

D

E

H

L

N

O

P

Q

R

S

T

U

V

后　记

近年来，我国对草业资源的重视日渐凸显。国家农业部于2015年印发《关于促进草食畜牧业加快发展的指导意见》（农牧发〔2015〕7号），2016年又印发《关于促进草牧业发展的指导意见》（农办牧〔2016〕22号）。2017年11月，党的十九大报告指出，要“统筹山水林田湖草系统治理”。2019年，中央一号文件对此进行了具体的布置和落实。2021年，习近平总书记提出要统筹山水林田湖草沙系统治理。可见，我国草业特别是南方草业的发展遇到大好机会。

根据全国第一次草地资源调查统计，在我国近60亿亩的草原中，分布于南方14个省（区、市）的共有12亿亩，可利用草原面积达80%，占该区域土地面积的73%，是耕地面积的1.43倍。南方天然草原的草产量一般是北方天然草原的4～6倍。经过改良后的人工草地生产能力可提高10多倍。广西有天然草地1.3亿亩，可利用面积9700万亩，在南方各省（区、市）中排第三位，拥有万亩连片草地达2880万亩。这些草地生物多样性十分丰富，生长着许多饲用植物，这些饲用植物都是广西的宝贵资源。摸清并整理广西草地饲用植物资源，对进行饲用植物资源的有效开发和草地的合理规划都有着十分重要的作用。

编者从1979年开始考察与搜集广西天然草地饲用植物种质资源，主持和参加广西草地资源调查（1980—1987年）、广西牧草品种资源考察与搜集［75-06-01-05（04）］（1986—1990年）、中国与斯洛文尼亚科技合作项目——利用有益环境的动物繁殖系统进行岩溶地区休养再生示范（国家科技部2003-121-P05：11；2005-216-BI-CN/06-07/16；桂科攻0228004-2；桂科合0322031-3；桂科合0443004-38；桂科合0592002-21；桂科合0632006-6）（2003—2007年）、草地植物资源数据库建设（2003—2005年）、广西龙胜草地资源调查与规划（2002—2004年）、广西天然草地监测（2006—2010年）、华南草地牧草资源调查［2017FY100601（广西草地牧草资源调查2017FY100601-3）］（2017—2022年）、广西院士工作站（草业科学）（2012—2020年）、广西草类种质资源保护与研发创新平台建设（桂科ZY21195051）、广西野生牧草种质资源搜集和共享服务平台建设等项目，并得到这些项目的部分经费资助。编者在饲草资源考察与收集中行程3万多公里，前后参加野外考察的同志还有80多名。野外考察时爬涉了桂北的猫儿山、真宝顶、海洋山、都庞岭，柳州的元宝山，桂西的秦王老山，桂南的大明山，桂东南的大容山，桂西南的六垠山；翻越了桂西南的十万大山、六万大山，桂西北的九万大山；穿过了桂北的越城岭，桂中的大瑶山、驾桥岭……收集了大量资料、数据、标本，调查访问当地群众并研究测定，总结编著成了这本《广西草地饲用植物资源》。

《广西草地饲用植物资源》介绍了广西草地饲用植物173科共1337种，其中禾本科244种、豆科184种、莎草科61种、菊科81种、大戟科39种。书中对每种植物的生境、性状、分布和饲用价值分别进行了介绍。有一批种已得到生产上的开发应用并发挥了作用，如翅荚决明、圆叶舞草、链荚豆、小槐花、任木、多枝草合欢、肥牛树、纤毛鸭嘴草、圆果雀稗、斑茅等；有一些种正在进行深入研究。书中对植物的饲用价值进行了划分，分为优、良、中、低、劣共五等，主要是通过访问农牧民、动物饲喂观察和长期的经验积累来决定的。在所收录的植物中，饲用价值优的有 326 种，良的有 250 种。书中还介绍了大部分饲用植物的药用价值，如需要使用，可参考专业医学专著。书中收录了有毒有害植物 104 种，使用时请注意。

我们有幸在中国工程院院士、兰州大学草地农业科技学院教授、广西草业科学院士工作站指导院士南志标院士的指导下工作。南志标院士 2012 年开始受聘担任广西壮族自治区人民政府主席院士顾问，并建立了院士工作站，亲自指导牧草种质资源等研究工作，为本专著的顺利出版提供了必要的支持。

下列同志参加了部分野外考察工作或室内工作，在此表示感谢：韦成盛、陈兴乾、唐积超、谢金玉、乃晓峰、李振、王玉军、黄金凤、李慧、陈启才、韦福佳、莫桂三、邓荫友、黄福伦、潘圣玉、黄连举、吴德生、陈义林、朱泽光、谢永恒、何国庆、李泰明、谢永功、邹达顺、伍锡清、李玉元、邹知明、毕朝斌、马莉芳、戴福安、潘明闻、吴世楷、潘治灵、韦永彪、黄进说、周武跟、欧阳天修、闭荣业、韦英治、朱玉莲、欧阳锋、杨兴荣、蒋材辉、赵武、白法杰、李均泉、农有粮、曹应中、黄邦模、韦绍芬、程录根、卓礼任、张绍奎、李逢行、廖京览、华盛利、陆道亮、匡晋芳、何廷显、陆华祥、陆国丰、颜英实、吕少梅、谭荣生、黄志敏、陆蔚贤、何永红、韦顶高、胡可秀、朱树才、李桂元、梁声雄、黎元瑞、刘学光、毛一国、黄宗昆、吴发、黄团帮等。

特别是黄金凤、李慧两位同志，她们在资料收集与整理工作中作出了很大的贡献，在此对她们的辛勤工作一并表示感谢。

本专著的出版，是编者 40 年的劳动成果和经验总结，为有关政府制订草地资源发展规划提供了科学依据，为大专院校师生、草学科技工作者学习和进一步挖掘研究广西草地饲用植物资源提供了重要参考。

编者

2023 年 3 月